小学生でもわかる 国を守るお仕事 そもそも事典

参議院議員
佐藤正久・著

自衛隊って強いの弱いの？

なぜ戦争やテロはなくならないの？

どうして被災地に自衛隊が一番乗り？

危険な任務をやるから隊員は高給取り？

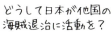

日本で徴兵制度が始まるの？

軍事技術の開発は悪いこと？

どうして日本が他国の海賊退治に活動を？

なぜ平和な日本を狙う国があるの？

IN174870

C&R研究所

はじめに

　自衛隊が創設以来初めて、イラク特措法に基づき、戦闘地域ではないかとの論議のある地域に派遣されたのは2003年のことでした。この自衛隊イラク派遣は私にも忘れがたい思い出となりました。

　2004年に自衛隊の宿営地内に迫撃砲が打ち込まれる事件や、日本人3人を人質に取った組織から自衛隊撤収要求があった際、サマーワ市民による100人規模のデモ行進が行われたのです。

「自衛隊よ、お前達を危険な目に遭わせる奴は俺達が許さない」

「ぜひ残って、町の再建に協力してくれ」

　日本からはるか離れたイラクの地で、イラクの人々の熱い友情に触れ、嬉しさがこみ上げるとともに、何としてもイラクの復興支援活動を成功させなければという思いが一層強くなったことを思い出します。

　この前代未聞の自衛隊支援デモに、現地で活動するアメリカ軍・イギリス軍・オランダ軍も驚き、「自衛隊はイラク人に何をしたのですか？」と問合せが入ったそうです。残念ながらこうした事実は、日本のマスコミは、ほとんど伝えませんでした。

　また、北朝鮮の相次ぐミサイル発射や、尖閣諸島周辺で領空近接・領海侵入が頻繁に行われている中、自衛隊は24時間365日態勢で、空・海・海底・陸地を見張り、何かあればすぐに動ける準備を怠っていません。2016年度は中国からの領空近接が相次ぎ、航空自衛隊のスクランブル（緊急発進）は1168回に登りました。これは10年前の約5倍の多さになります。

　豪雪の中でも、雷雨の中でも、パイロットだけでなく管制官や整備士や航空施設隊などは即時対応するべくスタンバイしている訳です。陸海空の自衛隊員はこうして日夜、命をかけて日本を守っているのです。また東日本大震災や熊本大地震でも記憶が新しいと思いま

すが、国民の命を助けるために自衛隊員は真冬の海の中や泥水の中でもいとわず入っていきます。

　こういう強い使命感や熱い想いを持って活動している自衛隊員達をもっと国民の皆さまに伝えて行き、理解と協力を得られるようにするのが私の役割の1つと肝に銘じています。本書はそういう私の想いを伝える為、小学生の「ななちゃん」と対話する形式で、分かりやすく自衛隊や自衛隊員のことを書いてみました。また、防衛大学校や防衛医科大学校など、入学と同時に国家公務員として学べるシステムについても書いてあります。是非、能力ある多くの学生に集まって頂きたいと願ってやみません。

　自衛隊員は一人一人が夢も痛みも悲しみも喜びもあるただの若者です。そんな彼等が「事に臨んでは危険を顧みず、身をもつて責務の完遂に務める」と誓って、日本の平和のために命がけで働いていることを本書で伝えられたら、望外の喜びです。そして日本が領土・生命・財産・文化を日本人の手で必ず守り抜く強い国になることを祈念いたします。

2017年　9月

参議院議員　佐藤正久

本書の読み方・特徴

登場人物

佐藤正久
（通称「隊長」）

自衛隊のイラク派遣の際に、「ヒゲの隊長」として一躍有名に。イラクでもカーネル（大佐）サトウとして現地の部族長からも信頼を得ていた元自衛官。

秋田奈々
（通称「ななちゃん」）

最近、自衛隊について興味を持ち始めた好奇心いっぱいの小学三年生の女の子。

特徴1

わかりやすい会話形式

ビギナーの素朴な目線での質問と回答で、難しい事柄をわかりやすく解説します。

特徴2

一目でわかる図解

難しそうな事柄を、イラストを使ってわかりやすく丁寧に図解しています。

質問07　自衛隊ってどんな組織なの?

第2章　そもそも自衛隊ってなに？

 隊長、自衛隊は災害救助のお仕事がメインなの?

自衛隊の主な仕事は「国を守る」ということなんだ。他国による侵略から日本の平和と独立を守り、国民の安全を守るために、日々活動しているのが自衛隊の本当の任務なんだよ。

空を守る　航空自衛隊

陸を守る　陸上自衛隊

海を守る　海上自衛隊

えー、こんなに厳重に守られてるなんてちっとも知らなかったわ

自衛隊は365日24時間、空と海と陸から日本の国土を守ってるんだ

 70年以上も戦争がない安全な日本で自衛隊って必要なのかな?

ななちゃん、尖閣諸島は頻繁に中国からの公船等による領海侵入や戦闘機等による領空近接が仕掛けられているんだ。また北方領土はロシアに、竹島は韓国によって不法に乗っ取られているのが現実なんだ。

26

最新情報について

　本書の記述内容において、内容の間違い・誤植・最新情報の発生などがあった場合は、「C&R研究所のホームページ」にて、その情報をいち早くお知らせします。

URL　http://www.c-r.com　（C&R研究所のホームページ）

特徴3

見やすい大きな活字
ビギナーやシニア層にも読みやすいように大きめな活字を使っています。

えー、そんなこと全然知らなかった。どうしてテレビや新聞で大騒ぎにならないのかな？

本当にそうだね。でも現実的に日本の領土が脅かされている現実がある以上、自衛隊は日々、国土と国民の命を守るために準備を怠らないんだ。

特徴4

難しい漢字・単語にルビを記載
読み方が難しい漢字や単語については、ルビを記載しています。

第2章　そもそも自衛隊ってなに？

これが日本の現実だよ

北方4島は返さないもんね
ロシア

独島は韓国のもの、対馬も欲しいな
韓国

尖閣も沖縄も4千年前から中国のものだ
中国

まぁ、日本は狙われてたのね

特徴5

解説のポイントを登場人物が補足
わかりにくい内容を理解しやすいように、登場人物がコメントで補足しています。

日本は周りを海で囲まれているよね。どうやって侵入を知ることができるの？

自衛隊は不審な飛行機をいち早く発見できるように全国にアンテナ（レーダー）を設置してるんだ。また海上の不審船も、常に船や潜水艦や飛行機の侵入を調べる「哨戒機」を飛ばして24時間監視しているんだ。将来的には人工衛星を使って海の監視もやる予定だよ。

27

CONTENTS

目次だよ

一緒に学ぼう！

■権利について

● 本書に記述されている製品名は、一般に各メーカーの商標または登録商標です。
なお、本書では™、©、®は割愛しています。

■参考文献

● COSMIC MOOK 最新 陸・海・空 自衛隊装備図鑑（コスミック出版）

● MAMOR（扶桑社）

● ありがとう自衛隊（佐藤正久著　ワニブックス）

● 日本に自衛隊がいてよかった（桜林美佐著・産経新聞出版）

● 高校生にも読んでほしい安全保障の授業（佐藤正久著・ワニブックス）

● 徹底解剖　自衛隊のヒト・カネ・組織（福好昌治著・コモンズ）

● 防衛省HP

● 本書の内容についてのお問い合わせについて

　この度はC&R研究所の書籍をお買いあげいただきましてありがとうございます。本書の内容に関するお問い合わせは、「書名」「該当するページ番号」「返信先」を必ず明記の上、C&R研究所のホームページ（http://www.c-r.com/）の右上の「お問い合わせ」をクリックし、専用フォームからお送りいただくか、FAXまたは郵送で次の宛先までお送りください。お電話でのお問い合わせや本書の内容とは直接的に関係のない事柄に関するご質問にはお答えできませんので、あらかじめご了承ください。

〒950-3122 新潟県新潟市北区西名目所4083-6　株式会社 C&R研究所　編集部
FAX 025-258-2801
『小学生でもわかる 国を守るお仕事そもそも事典』サポート係

第**1**章

大地震などで活躍する
あのヒーロー達は誰?

質問01 大地震が来た！その時、動いた部隊がいた！

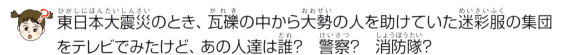

東日本大震災のとき、瓦礫の中から大勢の人を助けていた迷彩服の集団をテレビでみたけど、あの人達は誰？　警察？　消防隊？

その迷彩服（戦闘服）の集団は自衛隊員だよ。いざ地震や水害や大火事など大災害が起きると、自衛隊はいつでも30分以内に出動できるようスタンバイしてるんだ。

24時間体制で準備してるんだよ

まるで日本のピンチを救うヒーローね

そもそも自衛隊がなぜ災害救助をするの？

本来は地域の災害は地元の警察や消防が対処するよ。でも想定外の大きな災害が起こると、被害が大きすぎて警察や消防では対処しきれないんだ。そういうときに自衛隊への出動命令が出されるんだよ。

どうやって30分以内に出動できるの?　私ならお顔を洗って、歯磨きして、お着替えしているうちに30分は過ぎちゃうな

 はは(笑)自衛隊は24時間、365日体制で備えているんだ。これも命を救助するためには、まずいち早く現場に行くことが大切だからだよ。まず被害状況の情報収集をして、必要な規模の救助隊の機材を送るんだ。

地震発生

上空からの被害確認
陸上からの被害確認
情報収集

道路の確保

自衛隊員運搬
食糧・毛布・医薬品の運搬

災害時はまず被災地への物流ルートを確保することが何より大切なんだ

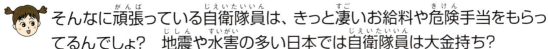 そんなに頑張っている自衛隊員は、きっと凄いお給料や危険手当をもらってるんでしょ?　地震や水害の多い日本では自衛隊員は大金持ち?

 残念ながら、自衛隊員は通常の公務員と同じくらいの給与だよ。災害時でも特別手当は一日1620円だよ。災害時は残業手当も付かないんだ。つまり彼等は国民を助けるという強い責任感を持った人達の集団なんだよ。

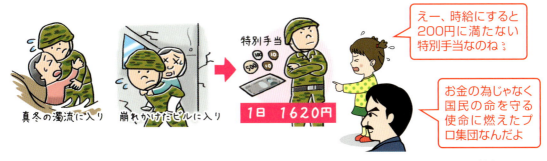

真冬の濁流に入り
崩れかけたビルに入り

特別手当
1日　1620円

えー、時給にすると200円に満たない特別手当なのね

お金の為じゃなく国民の命を守る使命に燃えたプロ集団なんだよ

 隊長、何だか自衛隊ってかっこいいね。私たち国民のピンチに現れて救ってくれるヒーローに思えてきた。災害救助で国民を助ける自衛隊のことをもっと知りたくなってきたわ。

なおちゃん、それは素晴らしいことだよ。災害時の自衛隊員達の実際の働きを、これから一緒に見てみよう。

質問02 なぜ東日本大震災での災害救助の自衛隊員は軽装備だったの？

 東日本大震災では真冬の海からガレキを取り除いて多くの人を救助するテレビ映像をみたけど、自衛隊員の人達は寒くないのかな？

 隊員の戦闘服は中までびしょ濡れだし、靴の中も水浸しだよ。でも自衛隊員は戦闘服は2着しか持ってないから、洗って乾かす時間もないんだ。それよりも早く被災者を助けるのを優先して動いているというのが現実なんだよ。

こんな作業をしているのに戦闘服が2着しかないなんて可哀想

この時は民主党政権で事業仕分けによって被服費が削減されてたんだよ

 そんなに軽装備では、真冬の海水の中に浸かって救助作業するのは大変だね。

 そもそも隊員は本来は救助に必要なゴム長靴も支給されていなかったんだ。派遣当初は、隊員達は戦闘靴に雨合羽をガムテープで巻き付けて簡易的な水中作業服を作っていたんだ。ゴム手袋は隊員が自分で買った私物だよ。予算がないからと愚痴を言ってないで、一刻でも早く救助するためにある物を工夫しているんだ。

こういう過酷な状況を政治家も国民ももっと知るべきだね

身近にある物を工夫して使うよ

戦闘服は2着

自腹で買ったゴム手袋

ガムテープ

え？隊員って完璧な装備があると思ってた

隊長、自衛隊だからどんな道具も揃ってると思ってたのに テレビでは伝わらないことがたくさんあるのね。

そうなんだ。例えば東日本大震災では被災者を乗せるゴムボートの一部も、自衛隊が急遽ホームセンターで入手してきたりしてるんだ。けが人を運ぶ担架も数が足りなくて、現場で木や布を見つけて隊員が手作りしたりするんだ。

> 訓練に使う装備以外を自衛隊は持っていないから工夫するしかないんだ

> まさにサバイバルね

ゴムボート

たんか

松葉杖

被災者を救出したら、ようやく自衛隊員もゆっくりできるのよね?

テレビでは救出したシーンだけで終わるので、これで自衛隊の役割は終わったと思う人は多いよね。被災地では病院が倒壊・水没したりするので、応急手当や食事やお風呂のケアも自衛隊の任務なんだ。

こんなに過酷な任務をこなす隊員達は辛くないのかな?

もちろん大変だよ。でも救助された被災者の「自衛隊さんありがとう」の言葉が何よりの励みになるんだよ。かつて洪水で両親を亡くした子供が避難所近くの川をじっと見ていたんだって。ある隊員がその少年の隣に立ち、肩に手を置き何も言わず一緒に川を二人でみていたそうだよ。その少年が後年、「僕もあの時の隊員のように人を救いたい」と自衛隊に入隊したんだ。この話を聞いた隊員は涙を流して喜んだそうだよ。

> 自衛隊員にとって嬉しい瞬間だね

> あの時の隊員のように人を救いたいと自衛隊員になりました

> あの時の少年が自衛隊に(涙)

第1章 大地震などで活躍するあのヒーロー達は誰?

質問 03 被災者への食事やお風呂の提供も自衛隊のお仕事？

 避難所で生活する人達への炊き出しをテレビでみたことがあるけど、あれも自衛隊のお仕事なの？

 地震の直後は食糧や燃料が被災地まで届かない状況が続くこともあるんだ。こういうときに自衛隊基地に用意してある緊急用の食糧やガソリンを提供するんだ。救助するだけでなく避難所でのケアも大切な任務なんだ。もちろん、道路が復旧したら市町村にタッチ交代するよ。

基地や駐屯地等には緊急用に物資が備蓄してあるんだ

復旧するまで被災者の命を自衛隊が繋いでるんだね

米 ビスケット 粉ミルク 燃料
水 毛布 生理用品 医薬品
トイレットペーパー 歯ブラシ

物資集積所（自衛隊基地等）

避難所

 大勢の被災者の食事は作るのも大変だね。どうやって作るの？

 このとき炊事車が活躍するんだ。炊事車は200人分の食事を45分で作れるよ。家や職場を失って疲労困憊の被災者に一番のおもてなしが温かい食事なんだ。子供やお年寄りなど一人一人の顔を見ながら、隊員は量や味付けを調整して手渡ししてるんだよ。

この炊事車は走行中でも調理ができる優れモノなんだ

ご飯だけなら600人分の調理が可能

漬け物　野菜炒め

温かいご飯

煮魚

×200人分

熱々の豚汁

たった45分で200人分も作れちゃうって凄いわ！

隊長、とっても美味しそうね。自衛隊員達もこれを食べれば元気がでるね?

ななちゃん、隊員達は同じ食事は決してとらないんだ。乾パンやご飯やカレーのレトルト食品を温めず立ったまま、各自が空いている時間に食べることが多いんだ。レトルト食品を温めるには、被災地では貴重な水が必要になるので温めないんだよ。

レトルトスープ

レトルトご飯

乾パン

スープ

ごはん

缶詰

これを1日3食

※隊員は出発前に一日3食分の食糧を携帯し、
レトルト食品は一度熱を通しています。

こんなメニューでお腹すかないんですか?

はい。不規則な食事も訓練されてますから大丈夫です

本当はもっと待遇を改善してあげなくちゃいけない。栄養状態が悪く口内炎が増えたりしているのが実情なんだ

えー? なぜ冷たいまま食べるの? 救助で疲れてるのにかわいそうじゃん!

これはルールなんだ。それともう一つ、自衛隊員は食べている姿を被災者に見せてはいけないこともルールなんだよ。例えば息子さんを亡くした被災者が、若い自衛隊員が美味しそうに食べる姿は辛いかもしれないよね。被災者のお気持ちを第一にが救助活動に当たる隊員の願いだよ。

①被災者の前で食事をとらない
②水を節約するため携帯のレトルト食品は温めない
③隊員の携帯食料は被災者に差し上げてはならない

でもね、お腹をすかせたお子さんに隊員が自分の食糧を分け与えることもあるんだ。このルール違反は大目に見てあげようね

ちょっと厳し過ぎるルールなのね

被災者のお風呂もあるの？

男女別の簡易的なお風呂を用意するよ。被災地ではこれが本当に喜ばれるんだ。女湯には女性隊員が介助もかねて一緒にお年寄りと入浴して、悩みや愚痴を聞いてあげたりという心のケアも好評なんだよ。

野外入浴セット2型

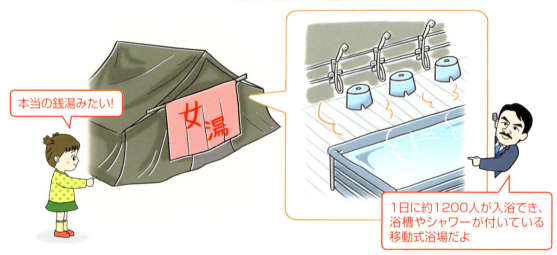

本当の銭湯みたい！

女湯

1日に約1200人が入浴でき、浴槽やシャワーが付いている移動式浴場だよ

もしかしてまた他の自衛隊員はそのお風呂にも入れないの？

そうだね。男性隊員はお風呂に入らず、タオルを濡らして身体を拭いて済ませたり、流れ着いた水槽やビニールシートを工夫して小さな湯船を作ったりしてたんだよ。

ねぇ、隊長。隊員が必要以上に我慢を強いられているような気がするんだけど…

日本には戦闘服を着て自衛隊が被災地に入ることを良く思わない人達がいたり、自衛隊そのものを違憲だと主張している政党もあるのが今の日本の現実だよ。その中で被災者を助け、寄り添うために自衛隊が何ができるかを考え工夫しているんだ。

こんなに頑張っている自衛隊の皆さんなのに。何だか納得できないわ

Q 04 誰から先に救助するかは誰が決めるの?

災害時に助けを求める人達がいるとき、誰から先に救助するかは誰が決めるの?

基本的には病人・子供・妊婦・老人などが優先されるけど、これはケースバイケースで現場の隊員が判断するんだ。例えば鬼怒川の堤防決壊では家屋の屋根にいる人と、濁流の中で木にしがみついていた人がいたんだ。通常は濁流の中の人を先に助けそうだけど、自衛隊のヘリコプターは屋根にいた人を先に救助し、その直後に家屋は崩壊。隊員の一瞬の判断で二人とも助かったんだね。

通常は溺れそうな人を先に助けるよね

屋根の上の人を先に助け、その次の瞬間に家屋は崩壊。この間一髪で2名の人命を救った映像は海外で「自衛隊の神判断」として賞賛されたんだ

ザバーン

犬や猫などのペットも救助してくれるの?

基本的には人命救助だけだよ。でもね、鬼怒川の堤防決壊では屋根の上で愛犬を抱いて救助を待っていた老人が「犬を先に助けて」と頼まれ救助したんだ。これにはルール違反として非難もあったり、良くやったと感動の声もあり賛否両論だったんだよ。

この子から先に助けてあげて

ペットを国費で助けるとは何事だ

感動して涙が出た

良くやった自衛隊

規則違反だろ

パチはおー よくやった

暴風雨の中での救助活動ってもの凄く大変だと思うけどどうしてできるの?

 自衛隊は強風・大雨・泥水・猛吹雪など、気象条件が悪い中で、何度も訓練を重ねてるんだ。災害や事故はそういう気象条件の中で起きることが多いからね。横殴りの暴風雨の中でヘリから、救助を待つ人の所にピンポイントでロープを降ろすなど神業は訓練のたまものなんだ。

きゃー、どれも大変そう

濁流の中での訓練

暴風雨の中での訓練

高い所での訓練

雪山での訓練

こういう訓練をやっているから本番で力を発揮できるんだ

 災害で亡くなられた人も自衛隊が探すの?

東日本大震災では自衛隊員がすべて手作業でガレキを取り除いて、行方不明者を捜索したんだ。悲しいことだけど、ご遺体をみつけることも多く、隊員は必ず手を合わせてから、身体に傷がつかないよう丁寧に収容するんだ。ご家族の元にきれいな姿で返してあげるために、遺体の汚れをとって差し上げることも隊員の仕事だよ。

ご遺体に傷が付くからパワーショベルとかブルドーザーは使わないんだ

一つ一つていねいに取り除くなんて気の遠くなるような作業ね

重機は使わない

手作業

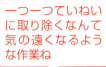

 自衛隊員が怪我をしたり亡くなられたりすることもあるのかな?

 猛吹雪や豪雨など厳しい条件の中で人を救助するのは、とても危険がともなう作業なんだ。もちろん、これまで災害救助の隊員の怪我や死亡事故も何件もあったよ。残されたご家族や恋人のことを考えると、本当に心が痛むね。

質問05 白い煙をあげる福島原発に放水したのも自衛隊員さん？

 隊長、東日本大震災の救助活動で一番大変だったことは何？

 いろいろあるけど、一番目にあげるとしたら津波被害と同時発生した福島第一原発の事故かな。核燃料プールの水が沸騰し、すぐに冷却しないと原発が大爆発を起こす危険があったんだ。

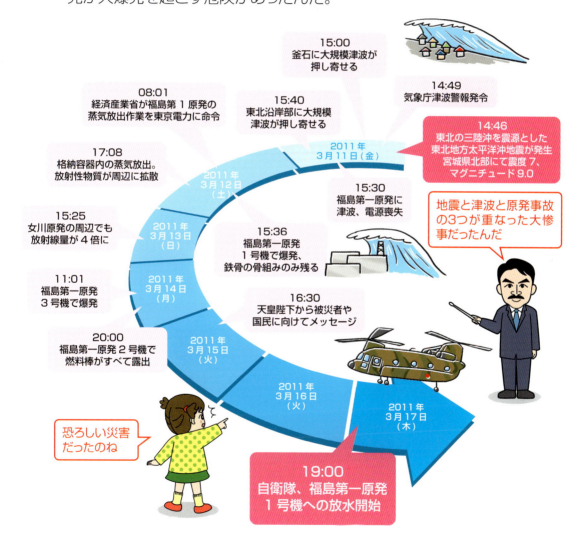

15:00 釜石に大規模津波が押し寄せる

14:49 気象庁津波警報発令

08:01 経済産業省が福島第1原発の蒸気放出作業を東京電力に命令

15:40 東北沿岸部に大規模津波が押し寄せる

2011年3月11日（金）

14:46 東北の三陸沖を震源とした東北地方太平洋沖地震が発生宮城県北部にて震度7、マグニチュード9.0

17:08 格納容器内の蒸気放出。放射性物質が周辺に拡散

2011年3月12日（土）

15:30 福島第一原発に津波、電源喪失

地震と津波と原発事故の3つが重なった大惨事だったんだ

15:25 女川原発の周辺でも放射線量が4倍に

2011年3月13日（日）

15:36 福島第一原発1号機で爆発、鉄骨の骨組みのみ残る

11:01 福島第一原発3号機で爆発

2011年3月14日（月）

16:30 天皇陛下から被災者や国民に向けてメッセージ

20:00 福島第一原発2号機で燃料棒がすべて露出

2011年3月15日（火）

2011年3月16日（火）

2011年3月17日（木）

恐ろしい災害だったのね

19:00 自衛隊、福島第一原発1号機への放水開始

19

爆発寸前の原子炉を冷やすのにどういう方法がとられたの？

陸上自衛隊の大型輸送ヘリで海水7トンの入った巨大なバケツをつり上げ、原子炉の上から投下するのを4回行うことに決めたんだ。白煙を上げる原子炉の上空は放射線量が最も高く、隊員は死を覚悟の上の作業が要求されたんだ。

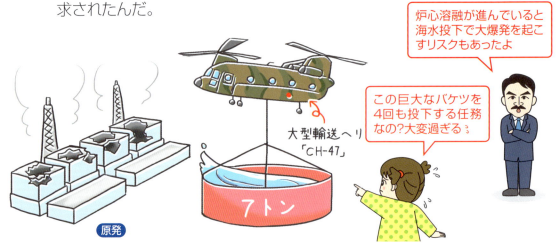

炉心溶融が進んでいると海水投下で大爆発を起こすリスクもあったよ

この巨大なバケツを4回も投下する任務なの？大変過ぎる…

大型輸送ヘリ「CH-47」

7トン

原発

そんな危険な任務を誰に命じるかは、どうやって決めるの？　くじ引きとか？

一刻の猶予もない中、この時ばかりは指揮官も「お前が行け」と指名できず苦しんだそうだよ。その時、そこにいた全員が手を上げ「自分に行かせて欲しい」と申し出たんだ。まだ小さな子供がいる隊員や結婚したばかりの隊員も、「今頑張らなくてどうする」と奮い立ったそうだよ。

CH-47の操縦は自分が一番です

いや自分が先に乗ります

自分がやります

みんなありがとう

いや私にやらせてください

自分が乗ります

その仕事やらせてください

日本を救ったこの人達に国民栄誉賞をあげたいわ

死ぬかも知れない危険があるのに、どうして隊員達は命がけで任務にあたるの？　わたしだったら怖くて家に帰っちゃう 💧

 自衛隊員は入隊するときに、次のような宣誓書にサインするんだ。それは国民の命と財産を守るための、国民に約束する誓いなんだ。隊員達の自己犠牲の精神は、すべてこの宣誓書に込められてるんだ。

> 強い責任感を持って
> 専心職務の遂行にあたり、
> 事に臨んでは危険を顧みず、
> 身をもって責務の完遂に務め、
> もって国民の負託にこたえることを
> 誓います。

この原子炉への海水投下の任務はまさに「危険を顧みず職務の完遂」を体現したものなんだ

無事に任務が終えられて本当に良かったね

 その海水投下で原子炉冷却にどれくらいの成果があったの？

うむ、これは専門家によって「効果あり」「効果なし」など意見が分かれているね。ただ、この自衛隊の決死の作業を避難所から見ていた東京電力の社員達や消防隊は「自分達もしっかり任務を全うしよう」と話し合ったそうだよ。またこの姿が米国で「彼等こそ英雄だ」と話題になり、それが後に米軍との「トモダチ作戦」をスムーズに進めるきっかけになったんだ。

第1章　大地震などで活躍するあのヒーロー達は誰？

質問06 震災時に日本を支えたヒーロー達は他にもたくさんいる？

 隊長、福島原発での自衛隊の決死の大活躍が印象的だったね！

 ななちゃん、実は原発への地上からの放水作業では、東京消防庁のハイパーレスキュー隊が絶大な貢献をしたんだ。被爆死を覚悟した消防隊員達は、手作業でガレキを押しのけてホースを伸ばし、放水し続けたんだ。彼等もまた日本を救ったヒーローだよ。

この誰もやったことのない任務に指揮官は、隊員の半分は帰って来れないと覚悟したそうだよ

国の為だ一丁やったるか！

消防隊員さん、日本を救ってくれてありがとう（涙）

東京消防庁ハイパーレスキュー隊

原発

 津波で海に流された大勢の人達は誰が助けたの？

 海では主に海上保安庁が大活躍したんだ。荒れ狂う冬の海から360名の人命を救助し、潜水士はガレキと泥で濁った海底から大勢のご遺体を収容したんだ。冬の荒れ狂う荒波を漂ってる人を救助する技術は過酷な訓練のたまものなんだよ。

①発見
②現場に急行
③救助

海保の隊員さん達、ありがとう（涙）

荒れ狂う海では命がけの救助作業になるんだ

HELP

海上保安庁

隊長、大震災では自衛隊以外にもいろいろなヒーロー達が活躍したんだね。

 そうだね。警察官、県庁や市役所などの職員、医療関係者、予備自衛官、なにより一般国民から多くのボランティアも続々被災地入りして救助と復興を助けたんだ。日本人の「絆」を強く感じさせるね。

 日本人って凄いんだね。

 ななちゃん、海外からの救援部隊の貢献も忘れてはいけないよ。震災後の2ヶ月間で、23の国から緊急援助隊や医療支援チームが被災地入りしたんだ。特に地震当日に真っ先に救援隊派遣を申し入れてくれた台湾、150名以上のエキスパートを派遣したロシア、最も貢献してくれた米軍の「トモダチ作戦」など、日本はこの恩を忘れてはいけないね。

※外務省HPより

震災時は自衛隊は全員が救助作業にかかりきりだったの？

いや、「国を守る」という本来の自衛隊の任務はきちんと行われていたんだよ。こういう大災害が起きると、日本の領空近接や領海侵入をいつもより多くチャレンジしてくる近隣国もあるんだ。日本の国防がおろそかになってないか調べてるんだね。

尖閣はガラ空きかな？

直ちに日本領空から出て行きなさい

大地震のエリア

え？こんな大震災の時も日本への侵入をする悪い国があるの？

こういう時だからこそ、日本の防衛の穴を確かめに来るんだよ

 えー、自衛隊って震災の時も国を守るお仕事をお休みしないの！　凄いね。ねぇ、隊長、自衛隊の国を守るお仕事のこと、もっと知りたくなっちゃった。

ななちゃん、素晴らしいね！　次ページから自衛隊の国防の任務について学んで行こうね！

第2章

そもそも自衛隊ってなに？

質問 07 Q 自衛隊ってどんな組織なの?

 隊長、自衛隊は災害救助のお仕事がメインなの?

 自衛隊の主な仕事は「国を守る」ということなんだ。他国による侵略から日本の平和と独立を守り、国民の安全を守るために、日々活動しているのが自衛隊の本当の任務なんだよ。

空を守る
航空自衛隊

陸を守る
陸上自衛隊

海を守る
海上自衛隊

えー、こんなに厳重に守られてるなんてちっとも知らなかったわ

自衛隊は365日24時間、空と海と陸から日本の国土を守ってるんだ

 70年以上も戦争がない安全な日本で自衛隊って必要なのかな?

 ななちゃん、尖閣諸島は頻繁に中国からの公船等による領海侵入や戦闘機等による領空近接が仕掛けられているんだ。また北方領土はロシアに、竹島は韓国によって不法に乗っ取られているのが現実なんだ。

えー、そんなこと全然知らなかった。どうしてテレビや新聞で大騒ぎにならないのかな?

 本当にそうだね。でも現実的に日本の領土が脅かされている現実がある以上、自衛隊は日々、国土と国民の命を守るために準備を怠らないんだ。

第2章 そもそも自衛隊ってなに?

これが日本の現実だよ

北方4島は
返さないもんね
ロシア

独島は韓国のもの、
対馬も欲しいな
韓国

尖閣も沖縄も
4千年前から
中国のものだ
中国

まぁ、日本は狙われ
てたのね

 日本は周りを海で囲まれているよね。どうやって侵入を知ることができるの?

 自衛隊は不審な飛行機をいち早く発見できるように全国にアンテナ(レーダー)を設置してるんだ。また海上の不審船も、常に船や潜水艦や飛行機の侵入を調べる「哨戒機」を飛ばして24時間監視しているんだ。将来的には人工衛星を使って海の監視もやる予定だよ。

自衛隊は何人くらいいるの？

陸上自衛隊が約14万人。海上自衛隊、航空自衛隊はそれぞれ約4万人。その活動を支える防衛省職員などを入れると総勢27万人で日本の防衛を支えているんだよ。

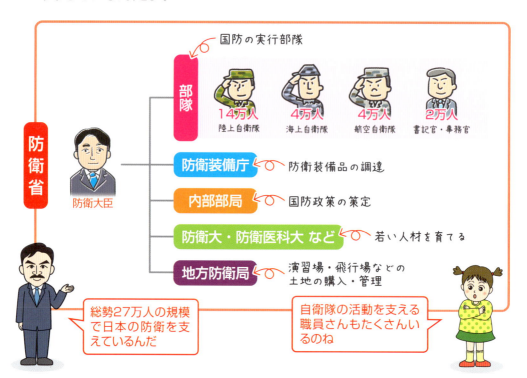

28

日本の防衛にもたくさんのお金が必要になるの?

実は2003年から10年間で毎年大幅に防衛費予算は減少していたんだ。ところが日本周辺へ安全の脅威が高まり、2013年からは増加傾向にあるんだ。でもね、本当に国を守るにはまだまだ足りないのが実情なんだ。

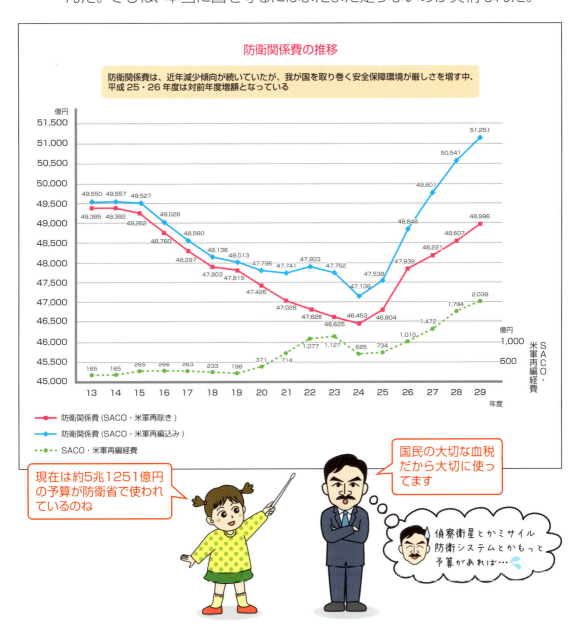

防衛関係費の推移

防衛関係費は、近年減少傾向が続いていたが、我が国を取り巻く安全保障環境が厳しさを増す中、平成25・26年度は対前年度増額となっている

現在は約5兆1251億円の予算が防衛省で使われているのね

国民の大切な血税だから大切に使ってます

偵察衛星とかミサイル防衛システムとかもっと予算があれば…

Q そもそも自衛隊ってどうやってできたの？

 そもそも自衛隊っていつからあるの？

 第二次世界大戦で日本が戦争に負けたとき、日本は軍隊を持つことを禁じられ、アメリカ軍が日本に駐留したんだ。ところが、朝鮮半島で戦争が起き、アメリカ軍だけで日本の治安を守れなくなり、1950年に「警察予備隊」という組織が作られ、これが自衛隊の元になったんだよ。

戦後は思想や人種の違いによる暴動がよく起きてたんだ

警察署

市役所

えー、そんなに物騒な時代だったの？

うーん、我々は朝鮮戦争で忙しいから、日本人に国内治安を守る部隊を作らせよう

マッカーサー司令官

 「警察予備隊」って不思議な名前なのね？　警察の補助みたいな？

 もともとは日本国内で暴動が起きた時に鎮圧するために作られた組織で「警察の大きなもの」という位置づけでスタートしたんだ。

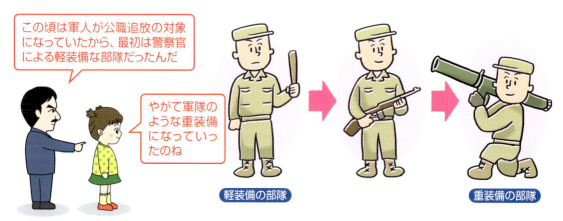

この頃は軍人が公職追放の対象になっていたから、最初は警察官による軽装備な部隊だったんだ

やがて軍隊のような重装備になっていったのね

軽装備の部隊

重装備の部隊

それがどうして「自衛隊」へと変化したの?

 これは北朝鮮と韓国が争った朝鮮戦争が激しくなってきたのが、きっかけなんだ。日本は自分で自国を守ること、そしてアメリカ軍と協力してアジアの平和を守らなくてはならないとアメリカが気がついたんだ。それで1954年に自衛隊法が成立して正式に自衛隊が誕生したんだよ。

日本

警察予備隊
1950.8.10

保安隊
1952.10.15

自衛隊
1954.7.1

> 韓国人130万人、中国人100万人、北朝鮮人50万人、アメリカ人5万4000人の死者が出た激しい戦いだったんだ

1950年 〉 1951年 〉 1952年 〉 1953年 〉 1954年

朝鮮半島

1950年6月
ソ連が後ろ盾になり北朝鮮が韓国に進撃

→ 日本に駐留しているアメリカ兵8万人が朝鮮半島へ

→ 中国が北朝鮮側で参戦

1953年7月
休戦成立

> 朝鮮戦争に行ったアメリカ兵8万人の空白を埋めるため日本に軍事力が必要になったのね

アメリカは「アメリカ軍」、ロシアは「ロシア軍」でしょ? どうして日本は「日本軍」じゃなくて「自衛隊」という名前になったの?

 ななちゃん、鋭い質問だね。戦争に負けたあと、アメリカは二度と日本に軍隊を持たせてはいけないと思い日本国憲法に「陸海空の戦力を持たない」ことを明記させたんだ。なので憲法上では自衛隊は軍隊ではないことになってるんだよ。

> えー、実態は自衛隊は軍事力を持つのにヘンね

> 「陸海空軍その他の戦力は、これを保持しない」が軍事力を持つのを禁じた条文だね

＜日本国憲法第9条＞

1　日本国民は、正義と秩序を基調とする国際平和を誠実に希求し、国権の発動たる戦争と、武力による威嚇又は武力の行使は、国際紛争を解決する手段としては、永久にこれを放棄する。

2　前項の目的を達するため、陸海空軍その他の戦力は、これを保持しない。国の交戦権は、これを認めない。

どうしてアメリカは日本に憲法で軍隊を禁止させておいて、国を守るための自衛隊を認めたの? 矛盾していると思うな〜

 戦後、日本を占領していたアメリカ軍のマッカーサー司令官は、最初は日本が二度と軍隊を持てないように憲法に明記させたんだ。ところが日本占領中に、彼は日本を理解し共感するように変化していったんだ。本国から全権を任されていた彼は、日本が自国を守るための武力を持つ必要があると考えるようになったんだね。

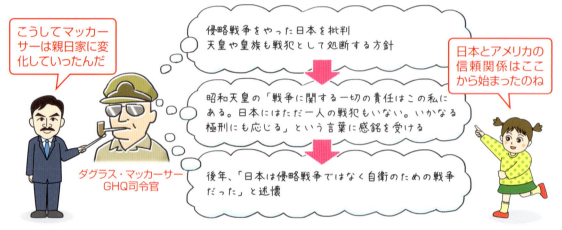

こうしてマッカーサーは親日家に変化していったんだ

侵略戦争をやった日本を批判
天皇や皇族も戦犯として処断する方針

昭和天皇の「戦争に関する一切の責任はこの私にある。日本にはただ一人の戦犯もいない。いかなる極刑にも応じる」という言葉に感銘を受ける

後年、「日本は侵略戦争ではなく自衛のための戦争だった」と述懐

ダグラス・マッカーサー
GHQ司令官

日本とアメリカの信頼関係はここから始まったのね

 でも陸海空の戦力を持つ自衛隊はやっぱり憲法9条と矛盾するのでは?

「日々、日本の領土が狙われ領空近接・領海侵入が行われている中、自衛隊の力は日本に必要」という意見と、「自衛隊は憲法違反」という意見があるのが日本の現状だね。今、自民党は憲法9条を変えて、自衛隊の存在を明記しようと動いているんだ。

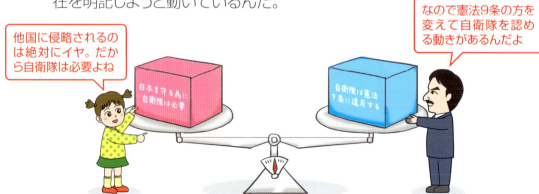

他国に侵略されるのは絶対にイヤ。だから自衛隊は必要よね

日本を守る為に自衛隊は必要

自衛隊は憲法9条に違反する

なので憲法9条の方を変えて自衛隊を認める動きがあるんだよ

質問09 自衛隊は強いの？ 弱いの？

 隊長、自衛隊って世界の中で強いの？ 弱いの？

 「強さ」を表す基準は人数・予算・武器・隊員の技術レベルや統率力など、色々あって一言で言い表すのは実は難しいんだ。一応、世界の軍事力の規模を表す客観的な数字で言うと、こうなるよ。

世界の軍事力の規模 ※ミリタリーバランス2017より

国名	兵員	戦車	空母	潜水艦	攻撃ヘリ	その他ヘリ	戦闘機	その他航空機	国防費
アメリカ	1,347,300	2,831	11	69	744	4513	2,536	4,354	65兆8360億円
ロシア	831,000	2,700	1	72	348	597	974	1,081	5兆794億円
中国	2,183,000	7,463	1	63	246	880	1,865	1,747	15兆8050億円
日本	229,612	660	0	19	72	533	349	542	5兆1251億円
インド	1,395,100	3,024	2	14	19	844	759	749	5兆5699億円
フランス	202,950	200	1	10	55	489	400	249	5兆1448億円
韓国	630,000	2,534	0	24	64	545	487	380	3兆6842億円
イタリア	174,500	160	1	7	43	308	268	177	2兆4307億円
イギリス	152,350	227	0	11	50	360	279	262	5兆7225億円
トルコ	355,200	2,492	0	13	49	318	333	381	9548億円

※1ドル＝109円で換算

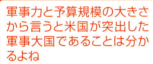 軍事力と予算規模の大きさから言うと米国が突出した軍事大国であることは分かるよね

 最高司令官 合衆国大統領

 日本は人数も予算も意外と少ないのね？

合衆国陸軍
(United States Army)

合衆国海軍
(United States Navy)

合衆国空軍
(United States Air Force)

合衆国海兵隊
(United States Marine Corps)

合衆国沿岸警備隊
(United States Coast Guard)

えー、日本は中国に比べて軍事費は3分の1、人数では10分の1なのね。
隊長、これでは日本の自衛隊は戦ったら負けちゃうじゃん？

ななちゃん、心配しないで。実は軍隊の強さに支えられた装備は必ずしも
人数や戦闘機の数だけでは計れないんだ。日本には高い技術力があるよ。
実はこれは非常に重要なんだ。

F-15J　　　　　　　※航空自衛隊HPより

30年以上運用されているが、電子機器やレーダーは日本の最新鋭のテクノロジーで独自に進化

F-2A戦闘機　　　　　※航空自衛隊HPより

F-16を日本のテクノロジーで大幅改良。世界トップクラスの対艦攻撃能力と高い機動性

そうりゅう型潜水艦　　※海上自衛隊HPより

スターリングエンジン装備で長期間の潜行が可能で静粛性抜群

10式戦車　　　　　　※陸上自衛隊HPより

防御能力が高くC4II装備でリンクシスムを持つ。45トンと軽量で機動性抜群

ハイテクを駆使した
潜水艦や哨戒機は世
界トップクラスだよ

格好いい♥

その凄い装備をもっと増やせばいいのにね。

 実はね、他国では装備の数が多くても、実際にはメンテナンス不良や操作員の人材不足で動かないケースは多いんだよ。これを装備の「稼働率」と言うんだけど、自衛隊のメンテナンス技術や操作員の訓練の精度はずば抜けているんだよ。

分解と組み立てでエンジンはいつも元気さ

最新の装備を整備・配備・訓練し、いつでも使えるようにするというのは当たり前のようでいて難しい。日本の戦闘機F-15Jの稼働率は90%で、米韓は日本には遠く及ばないんだ

 凄い！　細かな所まで手を抜かずに丁寧に仕事をするのは、日本人に向いているのね？

 そうだね。それは最前線の自衛隊員も、メンテナンスや資材調達や経理など後方部隊にも言えることなんだ。日本人の忍耐力・順応性・職人度・工夫する力は世界一のレベルと言えるね。多民族・多言語が入り交じる他国の軍隊と比べて指示命令が通りやすいのも日本の特徴だね。

日本人の忍耐力・職人度・工夫する力は伝統工芸にもよくあらわれているよね

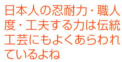

日本人は手先が器用なのね！

江戸切子

伊藤若冲

蒔絵

日本はなぜ空母がないのかな？

 うん、良い点に気が付いたね。日本は他国に部隊を引き連れて遠くまで攻撃に行くことが憲法上も許されていないので、空母は必要ないんだ。日本の装備の特徴は「防衛」に徹してることだね。陸地続きの国に比べて戦車が少なく、艦艇や戦闘機が多いのも海に囲まれている日本の特徴（地政学的優位）なんだ。

> 陸地続きの中国やロシアは国境に多くの軍隊をおかなければならないんだ

> 四方を海で囲まれた日本は海と空を守るのに専念できるのね

陸地続きの国は国境紛争が多い

日本は海に囲まれている

 なるほど。でも軍事力の大きさでは劣る日本は安心できないんじゃないの？

 ななちゃん、日本は世界一の軍事力を持つアメリカと軍事同盟を結んでいるんだよ。この点が日本を狙う国にとっては軍事侵攻の大きな抑止力となっているんだよ。

 では日本の弱点はあるの？

 最大の弱点は憲法9条を尊重するあまりに、自衛隊を否定し、国防の準備をするべきでないと大きな声で主張する政党や市民がいることかな。日本と国民を守るという事に対してもっと理解が進むようにしないといけないと個人的には思っているよ。

質問10 Q 自衛隊の戦闘機や制服は誰が作ってるの？

 自衛隊が使っている武器や装備は誰が作っているの？

 それは防衛装備庁という防衛省の機関が担当しているんだよ。これまで陸海空の部隊がそれぞれ独自に調達していたので非効率だったのを、2015年に防衛装備庁に統一したんだ。

防衛装備庁長官

装備研究所	装備の研究と開発
試験場	武器や装備品を実際にテストする
装備政策部	装備のための方針を決める
プロジェクト管理部	効率的な導入を管理する
技術戦略部	未来の装備技術の方向性を決める
調達管理部	装備を取得するための制度を立案する
調達事業部	契約を行う
長官官房	庁内の監査や人材育成

ロゴマークは陸海空がデザインされてるのね

防衛装備庁のミッションを分かりやすく言うと
①世界一の技術力で固める
②スムーズに装備品を調達する
③人道的貢献ができる技術の強化なんだ！

もしかして、自衛隊のあの格好いい制服は自衛隊員が作ってるの？

 それぞれの制服は入札制で民間企業に作ってもらってるんだよ。陸海空の自衛隊員は制服を見れば職種がわかるんだ。

第2章　そもそも自衛隊ってなに？

冬服

 陸上自衛隊
 海上自衛隊
 航空自衛隊

夏服

 陸上自衛隊
 海上自衛隊
 航空自衛隊

自衛隊員が身につける制服・帽子・靴も大切な防衛装備品だよ。制服についているマークで部隊・職務・技能などを識別できるんだ

作業服

 陸上自衛隊
 海上自衛隊
 航空自衛隊

 へぇー、かっこいい♥

※写真提供/防衛省

乗り物とかの装備品の日本の技術力は外国と比べて高いの? 低いの?

 装備品が技術的に優れているかどうかは、防衛力を左右する大きな要素だね。たとえば自衛隊と日本の民間会社が開発した潜水艦は、排気もなくエンジン音もださず、2週間以上も1回も浮上せずに活動できる世界一の技術力で作られているよ。

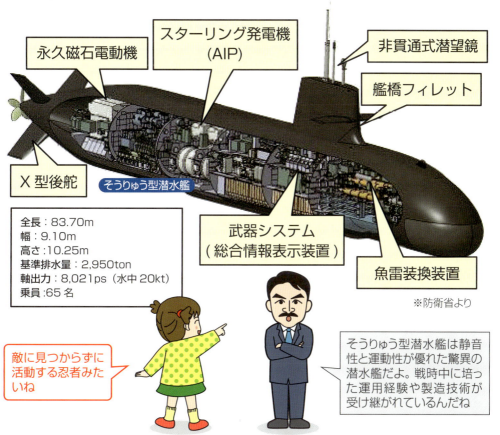

永久磁石電動機

スターリング発電機
(AIP)

非貫通式潜望鏡

艦橋フィレット

X型後舵

そうりゅう型潜水艦

武器システム
(総合情報表示装置)

魚雷装換装置

全長 : 83.70m
幅 : 9.10m
高さ :10.25m
基準排水量 : 2,950ton
軸出力 : 8,021ps (水中20kt)
乗員 :65名

※防衛省より

敵に見つからずに活動する忍者みたいね

そうりゅう型潜水艦は静音性と運動性が優れた驚異の潜水艦だよ。戦時中に培った運用経験や製造技術が受け継がれているんだね

 飛行機とかヘリコプターも日本で作っているの?

 残念ながら、アメリカから買っているものもあるんだ。ただし、ライセンス生産といって日本の工場で日本人の技術者達によって組み立てているんだ。たとえばアメリカの戦闘機F-15Cは、日本で航空自衛隊に合わせて日本で改良が加えられ、F-15Jイーグルとしてより高性能化で生まれ変わっているんだ。

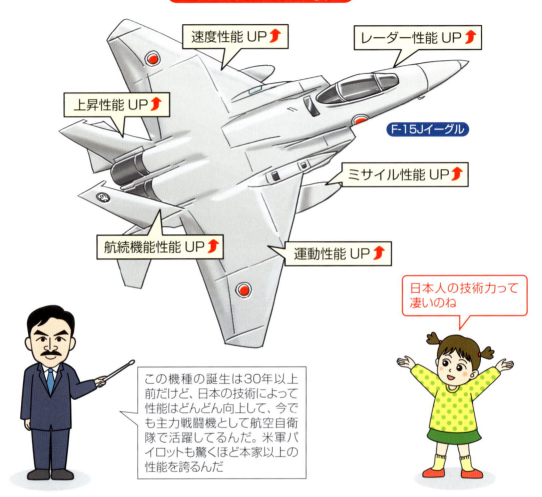

そんなに凄い技術があるなら自前で色々な乗り物を作った方がいいんじゃないの？

実はすでにたくさん作っているんだよ。また、日本の最先端の技術を結集した武器や乗り物も着々と開発が進んでいるんだ。日本はこういう新技術の開発を世界に知らせて、「日本はあなどれないぞ」というアピールも積極的に行っているんだよ。ステルス戦闘機も試作はできているんだ。敵のレーダーに発見されにくい素材、独自のジェットエンジンなどすべて国産技術で作られているんだよ。

※防衛省HPより

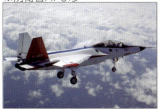

ステルス戦闘機X-2
敵のレーダーに発見されにくいスーパー電波吸収材、独自のターボファン方式ジェットエンジン搭載で機動性もUP

輸送機C-2
従来機より3倍も多く積める上、航続距離も大幅に伸び、操縦性もUP

固定翼哨戒機P-1
従来機より探知能力・識別能力・情報処理能力・飛行性能がUP

レールガン（電磁加速砲）
電気伝導体による加速で発射する揮発中の新型兵器。対地・対艦・対空すべてに活用でき、ミサイル防衛でも中心的役割を担うと想定される

10式戦車
戦闘力の強化、火力・機動力・防護力の向上、小型・軽量化などを達成した主力戦車

> 日本の独自の技術開発は着々と成果を上げているんだ

> ステルス機に乗ってみたいわ

第2章　そもそも自衛隊ってなに？

 隊長、日本で開発された乗り物が海外で使われることはあるの？

 もちろん、海上自衛隊の救難飛行艇US-2はその代表だよ。荒波でも着水・離水でき、低速で長時間飛行できるから、海での捜索や救助に抜群の威力を発揮するんだ。大勢の人の命を救うことができる防衛装備品のひとつだね。今、インドと交渉しているよ。

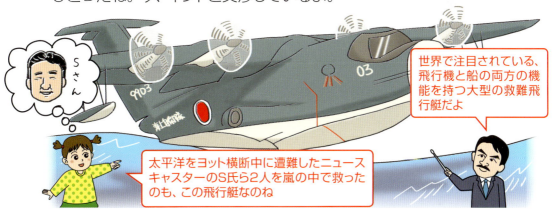

> 世界で注目されている、飛行機と船の両方の機能を持つ大型の救難飛行艇だよ

> 太平洋をヨット横断中に遭難したニュースキャスターのS氏ら2人を嵐の中で救ったのも、この飛行艇なのね

質問11 Q なぜ海外で自衛隊が活動するの？

隊長、自衛隊の海外での活動がニュースで話題になってたけど、どうして海外に行くの？

ななちゃん、自衛隊の役割は「日本の平和と独立を守る」の他に、「世界の平和と安定に貢献する」という使命もあるんだ。これまでにも多くの国の人達を助けてきたんだよ。

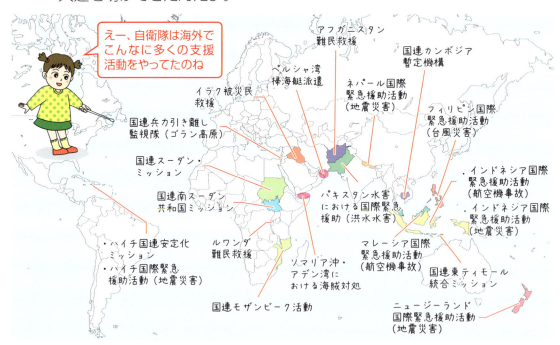

えー、自衛隊は海外でこんなに多くの支援活動をやってたのね

アフガニスタン難民救援
国連カンボジア暫定機構
ペルシャ湾掃海艇派遣
イラク被災民救援
ネパール国際緊急援助活動（地震災害）
フィリピン国際緊急援助活動（台風災害）
国連兵力引き離し監視隊（ゴラン高原）
国連スーダン・ミッション
国連南スーダン共和国ミッション
パキスタン水害における国際緊急援助（洪水水害）
・インドネシア国際緊急援助活動（航空機事故）
・インドネシア国際緊急援助活動（地震災害）
・ハイチ国連安定化ミッション
・ハイチ国際緊急援助活動（地震災害）
ルワンダ難民救援
ソマリア沖・アデン湾における海賊対処
マレーシア国際緊急援助活動（航空機事故）
国連東ティモール統合ミッション
国連モザンビーク活動
ニュージーランド国際緊急援助活動（地震災害）

たくさんの国に行ってるんだね。このとき自衛隊が武器を持って行くの？

自衛隊の海外での活動には次の2つがあるんだ。

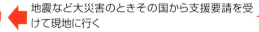

国際緊急援助活動 ◀ 地震など大災害のときその国から支援要請を受けて現地に行く **武器は持たない**

国連平和維持活動 (PKO) ◀ 国連が中心になり紛争国の人々の救援、被害の復旧、再び紛争が起きないように見張るために行く **ケースによって武器を持つ場合がある**

つまり外国での大災害に対応できる人達が自衛隊にいるということ？

そうだよ。自衛隊には橋や道路を復旧させる専門家や、医師や看護師や放射線技師などの医療の専門家がいて、国際緊急援助活動では大活躍するんだ。たとえば2013年に台風の大被害を受けたフィリピンからのSOSで、自衛隊は約1100人の隊員を人命救助に向かわせたんだ。

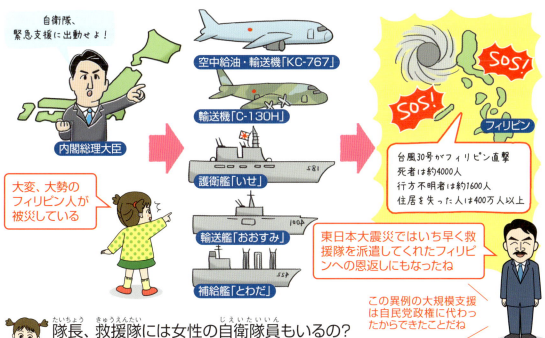

自衛隊、緊急支援に出動せよ！

内閣総理大臣

空中給油・輸送機「KC-767」

輸送機「C-130H」

護衛艦「いせ」

輸送艦「おおすみ」

補給艦「とわだ」

大変、大勢のフィリピン人が被災している

SOS!　SOS!　フィリピン

台風30号がフィリピン直撃
死者は約4000人
行方不明者は約1600人
住居を失った人は400万人以上

東日本大震災ではいち早く救援隊を派遣してくれたフィリピンへの恩返しにもなったね

この異例の大規模支援は自民党政権に代わったからできたことだね

  隊長、救援隊には女性の自衛隊員もいるの？

もちろん。海外の被災地には子供や女性も多くいるから、女性の自衛隊員にしかできないきめ細やかな救援活動もたくさんあるんだ。

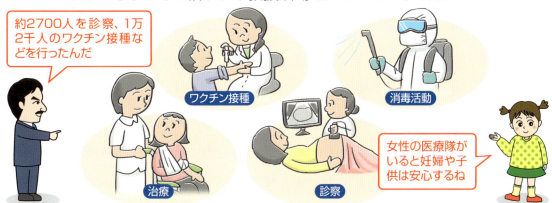

約2700人を診察、1万2千人のワクチン接種などを行ったんだ

ワクチン接種

消毒活動

治療

診察

女性の医療隊がいると妊婦や子供は安心するね

海外の災害で壊れた道路や橋を直すのは建設会社を派遣した方がいいんじゃないの？

 自衛隊が救援に行く被災地では、道路や橋が壊れ、水も食糧もない状態になっていることが多いんだ。そういうときには食事も寝場所も自分で処置できる自己完結性が高い自衛隊が役に立つんだよ。建設会社や医療ボランティアなどが支援に乗り出せるように生活の基盤が安定させるのが自衛隊はじめ各国の軍隊の役目なんだ。

道路・橋・水道・トイレ・通信などの生活基盤を復旧させるのがまず大切なんだ

自衛隊は建設会社のお仕事もできるのね

 PKO(国連平和維持活動)で紛争国に入るときには、どうしても武器は必要になるの？

 国連の要請で自衛隊がPKO活動するよう場所では、反政府活動グループや強盗や海賊などが出没して、住民から食糧や金品を強盗したり、輸送物資を略奪する危険性があるんだ。だから自衛隊は武装して万が一に備えて後方支援活動にあたっているんだよ。

日本から遠く離れた海外で自衛隊が活動する必要はあるの?

 日本が平和であり続け、経済が安定して発展していくためには、他の国が平和であることがとても大切なんだ。日本は石油の多くを中東から輸入してるけど、そのタンカーが海賊に襲われる事もあるんだ。だから船舶の安全を守るため自衛隊は武器を持って警備に当たっているんだよ。

第2章 そもそも自衛隊ってなに?

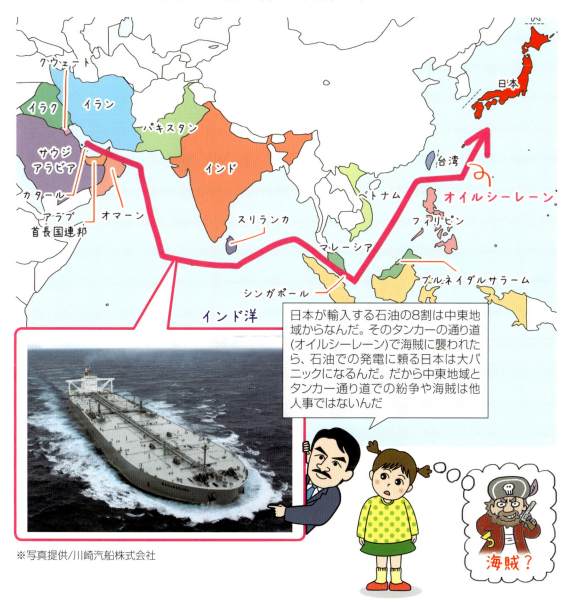

日本が輸入する石油の8割は中東地域からなんだ。そのタンカーの通り道(オイルシーレーン)で海賊に襲われたら、石油での発電に頼る日本は大パニックになるんだ。だから中東地域とタンカー通り道での紛争や海賊は他人事ではないんだ

※写真提供/川崎汽船株式会社

えー! 今どき海賊なんているの?

 今の海賊は機関銃で武装した高速船に乗っているよ。スエズ運河は年間17000隻もの船舶が通る世界経済の要所でもあり、海賊は金品強奪や船員を人質にして身代金を要求するのが目的なんだ。ここでの自衛隊の任務は世界経済を守る意味があるんだよ。

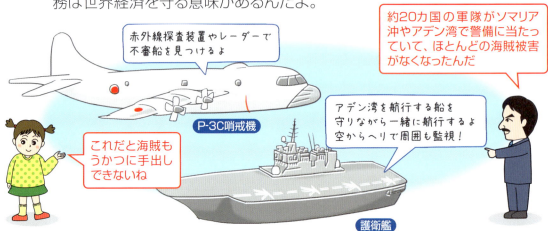

赤外線探査装置やレーダーで不審船を見つけるよ

約20カ国の軍隊がソマリア沖やアデン湾で警備に当たっていて、ほとんどの海賊被害がなくなったんだ

アデン湾を航行する船を守りながら一緒に航行するよ 空からヘリで周囲も監視!

これだと海賊もうかつに手出しできないね

P-3C哨戒機

護衛艦

どうして厳重な警備体制が敷かれているのにアデン湾には海賊がでるの?

 これはソマリアが産業が発展していない貧しい国だからなんだ。だから海賊を退治するだけなく、経済を安定して発展させる仕組みの国際支援が必要だね。民間でも日本の寿司チェーン店の社長がソマリアに隣接するジブチ共和国にマグロ漁業の漁船と冷凍倉庫を提供して、海賊を漁師にさせることに成功した例もあるね。

素晴らしい!自衛隊の警備と民間の貢献が功を奏した形だね

家族を養うため仕方ねえんだよ

こっちの方が儲かるし家族も喜ぶぜ

すしざんまい社長のアイデアが国際平和に貢献してるのね

海賊

漁師

第3章

なぜ憲法9条があるのに
自衛隊が必要なの？

Q そもそも憲法9条ってなに?

 隊長、学校の先生が「日本は憲法9条があるから戦争もできないし武力も持ってはいけない」と言ってたよ。「憲法9条」ってそもそも何なの?

 日本の国のあり方を定めたのが日本国憲法だね。その第9条に次のような条文があるんだ。

分かりやすく言うと、他の国と戦う戦争は永久にしません、国として戦力を持ちませんということなんだ

＜日本国憲法第9条＞

第1項　日本国民は、正義と秩序を基調とする国際平和を誠実に希求し、国権の発動たる戦争と、武力による威嚇又は武力の行使は、国際紛争を解決する手段としては、永久にこれを放棄する。

第2項　前項の目的を達するため、陸海空軍その他の戦力は、これを保持しない。国の交戦権は、これを認めない。

 武器を持たず戦争もしない、という考えはとても素敵だよね?

 そうだね。もし、世界中の全ての国がこの考えで武器と戦争を放棄すれば、世界から戦争がなくなるかもしれないね。でも現実は、今も世界中で紛争やテロや戦争が起こっているんだ。

※写真はモザイク処理をしてあります

シリア内戦

ロシア-ウクライナ戦争

イスラエルによるパレスチナ攻撃

ISによるテロ

中国によるウイグル人弾圧

コンゴ内戦

信じられない

ショッキングな写真だけど、これが世界で起きている現実の姿なんだ

でも遠く離れた国での争いだから日本には関係ないんじゃないの？

 ななちゃん、日本海にむけて北朝鮮が頻繁にミサイルを撃っていることや、沖縄県の尖閣諸島に中国の公船が不法侵入するニュースは見たことはあるよね？　日本にとっても戦争は他人事ではないんだよ。

戦闘機と公船による侵入が多発しているんだ

空からも狙うよ

尖閣諸島は俺達のものだから力で奪うよ

日本に向かって毎月ミサイルを撃つぞ

何で平和な日本に向かってミサイルを撃つのよ(怒)

中国の海洋監視船による領海侵入

北朝鮮による日本海へのミサイル発射

 どうして日本には憲法9条があるのに日本を挑発しようとするの？

 憲法9条があって手出しをしてこないと知ってるからこそ、挑発しやすい面もあるんだよ。核ミサイルを持ち戦う権利を認めているアメリカに同じ事はしないよ。

 話し合いで解決しようとしないの？

 ななちゃん、もし隣の家に実っている柿が欲しいとき、人はおよそ次の3つの行動をとるんだ。日本の領土を狙う国々はこの中の③の手法に近い形で活動しているんだね。

わー、おいしそうな柿ね、食べたいわ♥

①持ち主に譲ってくれるよう交渉する
②ガマンして別の物を食べる
③盗む。または力ずくでも奪う

今、南シナ海では中国が③の手法を推し進めているからなんだ

第3章　なぜ憲法9条があるのに自衛隊が必要なの？

これじゃ、日本はずっと安全とはいえないね。憲法9条があるからずっと平和なはずだったのに。これから日本はどうすれば良いの？

 日本の平和を脅かすかなり深刻な事態が起きている以上は、これまでのように憲法9条を唱えてばかりでは国民の命は守れないんだ。今、自民党は憲法9条に自衛隊の存在を明記する等、憲法改正を真剣に議論しているよ。

 隊長、じゃあ、すぐに憲法を変えて他国が侵略や攻撃をできないようにしないと。

 そう簡単にはいかないんだ。憲法改正には国民投票法によって、次のような手続きを経て初めて改正できるんだよ。

第3章　なぜ憲法9条があるのに自衛隊が必要なの？

憲法改正手続きの流れ

衆議院 | 参議院

憲法改正原案の提出 → 憲法審査会 → 本会議 → 憲法審査会 → 本会議 → 憲法改正の発議 → 投票日の告示 → 投票日 → 過半数の賛成（承認） → 憲法改正の成立、公布

総議員2/3以上　総議員2/3以上

＜国民投票運動＞60〜180日間

ふぅ、先が長いのね

隊長、もっと急いで欲しい

でも、これが今の憲法改正のルールなんだ

50

質問 13
Q
憲法9条があるのになぜ自衛隊は武器や兵器を持つ必要があるの？

隊長、初歩的な質問で恥ずかしいけど、なぜ地球上から戦争はなくならないの？

ななちゃん、それはとても大切で、しかも本質的な質問だよ。実は人類は歴史が始まって以来、戦争や紛争が絶えたことがないのが現実なんだ。生き残るために食糧や土地や石油などエネルギー資源を巡って争いが繰り返されてきたんだね。

51

争いが起きないようにするにはどうしたらいいの？

 これは次の3つが大切なんだ。なるべく③にならないようにしたいね。でも相手が攻めてきたら、自国民を守る為に戦う用意をすることも大切だよ。その役割を自衛隊が担っているんだ。

貧しい国が紛争地になることが多いから、自衛隊の国際支援活動はとても意味があることなんだ

①紛争があれば根気よく話し合いを行う
②困っている国の人々を支援する
③武力で攻めてきたら、それ以上の武力で跳ね返す

 でも自衛隊が武力を持つことは平和を乱すことにならないの？

 もし強盗がピストルやナイフを持って銀行に押し入った時、警察が武器を持たずに素手だけで対処したら、一般人も警察官も大勢に死傷者がでるよね。強盗に対処するための武器は大勢の人の命を守るために必要になるよ。それと同じで、いざというとき日本国民の命を守る為に外敵を追い返す武力は必要だと思うよ。

武器がないと強盗の思いのままになっちゃうのね

丸腰か全然怖くないハハハ

君たち、暴力はやめなさい

強盗

警察官

強盗だけが武器を持っていると…

「日本は強いぞ」ということを示すためにも武力は持っておかないとだね

手を上げて武器を棄てなさい

全然かなわないまいった；

強盗

警察官

警察の方が圧倒的な武力を持っていると…

憲法9条があっても日本に敵が攻撃しに来ないとは限らないのね。日本がこんな危ない状態だってことは、テレビや学校の先生も言ってないのは不思議ね?

 そうだね。大切なことが国民に伝わっていないね。だからこそ、ななちゃんはこの本を読んで一緒に学び、大切な人を守るということについて、お父さんやお母さんと話し合ってみてほしいんだ。

 地球上のすべての国が武器の開発をやめちゃえば誰も傷つけなくてすむのに…

 そうだね。その一方、実は戦争に使う目的で作られた技術が今では多くの人に役立っていることもたくさんあるんだ。つまり戦争のテクノロジーが人類を救っているという一面もあるんだ。戦争とテクノロジーは悩ましい問題だね。

携帯電話

インターネット

パソコン

魚群探知機

抗がん剤

カーナビ

自転車

コンタクトレンズ

ドローン

電子レンジ

現代人に不可欠なものがたくさんあるね

え?これの元は軍事技術だったの?

第3章 なぜ憲法9条があるのに自衛隊が必要なの?

質問14 Q なぜ日本の領土を狙う国があるの？

 隊長、中国は本気で日本に迫っているの？　テレビでも言わないから、まだ信じられないわ。

 ななちゃん、下のグラフを見てごらん。他国の飛行機が許可なく日本の領空へ近づくと、自衛隊は戦闘機をスクランブル(緊急発進)させて追い払ってるんだ。2016年度は過去最高の1168回を数え、その多くをしめる中国に対して、自衛隊は851回という史上最多のスクランブルをかけたんだ。

※航空自衛隊HPより

自衛隊が戦闘機をスクランブルした回数

回数

年度	回数
8	234
9	160
10	220
11	154
12	155
13	151
14	188
15	158
16	141
17	229
18	239
19	307
20	237
21	299
22	386
23	425
24	567
25	810
26	943
27	873
28	1168

えー、日本の空はこんなに外国に狙われてるの!!

しかも日本に地震・台風などで自衛隊が救助出動したときに領空近接が急増するんだ

中国はなぜ日本に手を出そうとするの?　これまで両国とも平和にやってきたのでは?

 中国は経済発展と共に、軍事力も強大になってきたんだ。大勢の人口を抱えた中国は、資源も食糧も富も領土も、もっとたくさん欲しいと思うようになったんだ。地図を逆さにしてみると、東シナ海や太平洋に進出するのに日本が邪魔をしている形なのが分かるよ。だから中国は尖閣諸島や沖縄にこだわると言われているんだ。

第3章
なぜ憲法9条があるのに自衛隊が必要なの?

55

中国は日本だけを狙っているの?

 その他に東シナ海と南シナ海の資源、台湾を自分の物にしたいと行動を起こしているんだ。南シナ海の豊かな漁場を埋め立てて軍事基地を作っているよ。だからその通路に面する台湾・ベトナム・フィリピン・マレーシア・ブルネイともトラブルが起きているんだ。

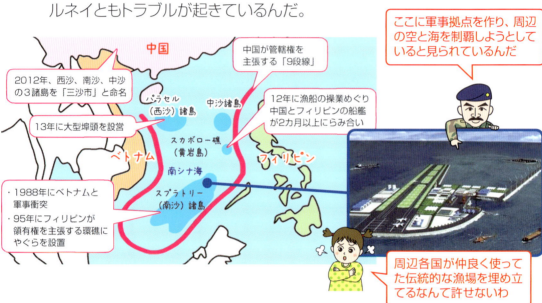

ここに軍事拠点を作り、周辺の空と海を制覇しようとしていると見られているんだ

中国が管轄権を主張する「9段線」

2012年、西沙、南沙、中沙の3諸島を「三沙市」と命名

13年に大型埠頭を設営

12年に漁船の操業めぐり中国とフィリピンの船艦が2カ月以上にらみ合い

・1988年にベトナムと軍事衝突
・95年にフィリピンが領有権を主張する環礁にやぐらを設置

周辺各国が仲良く使ってた伝統的な漁場を埋め立てるなんて許せないわ

 北朝鮮はなぜ日本海に向けてミサイルを撃つの?

 休戦中ではあるけれど北朝鮮と韓国は戦争は終結してないんだ。北朝鮮は敵である韓国と軍事同盟を結ぶアメリカ、そしてアメリカと軍事同盟を結ぶ日本を敵とみなしているんだ。また憲法9条がある日本なら反撃しないことが分かるから、軍事力を誇示するために日本海にミサイルを撃つんだ。

アメリカよ、我が国は核ミサイルをいつでも撃てるぞ、いつでも交渉に応じるよ

米国との軍事交渉のカードと国内をまとめるためにミサイルを手放せないんだ

国民は飢えているのに可哀想な人達ね

まだ日本は領土を外国に盗られてはいないんでしょ?

 残念ながら、戦後のどさくさに北方領土4島をロシアに、竹島を韓国に不法占拠されたままなんだ。そして今、尖閣諸島が狙われていて、中国では「沖縄も中国のものである」と主張する一派もいるんだ。

酷いことをするのね

1952年1月には韓国が漁師44人を殺害して突然竹島を軍事占拠

竹島

竹島

ソ連軍兵士の日本人の殺害・非人道行為は凄まじいものだったんだ

北方領土

択捉島

国後島

色丹島

歯舞群島

北方領土

1945年8月に第2次大戦が終結した直後にソ連(ロシア)が歯舞群島、色丹島、国後島、択捉島を違法に軍事占領

※JAXAより

 戦争や紛争は本当に恐ろしいものなのね

 そうだね。だからこそ日本は自分達で自分の国を守らなくてはならないんだ。

質問15 Q そもそもどこからが日本の海や空なの？

 「外国の船が領海侵入」というニュースを見たことがあるけど、海は全部つながっているでしょ？　どこまでが日本の海という決まりはあるの？

 その国の所有する海(領海)は陸地から約22kmまでという国際ルールだよ。その国が及ぼす力は陸地からの距離によって4つのエリアに分類されてるんだ。ただし海はみんなのもので、ルールを守れば、どこの国の船も自由に通れるんだよ。

約370.4km

約44km

約22km

領土

海岸線
低潮線

領海　接続水域　排他的経済水域(EEZ)　公海

「中国が尖閣諸島に領海侵入」とニュースで言う場合は、尖閣諸島の22km以内に無断で侵入したという意味なんだ

領海
領土から約22kmの海域。日本の法律が適用されるエリア

接続水域
領土から約44kmの海域。外国の船は自由に航行できるが、密輸や密漁や軍事目的の船など怪しい船は「領海に近づくな」と警告できる

排他的経済水域(EEZ)
領土から約370.4kmの海域。外国の船は自由に航行できるが、許可なく漁業資源やレアメタルやメタンハイドレートなど鉱物資源をとることはできない

公海
特定の国の主権が及ばない領海。各国が自由・平等に航行したり漁をしたりできる

日本列島は細長いよね?　いったい、日本の領海はどのくらいの広さがあるの?

 日本の排他的経済水域(EEZ)は、国土面積の約10倍にあたる405万平方キロメートルあるんだ。これが海洋国家である日本の最大の強みなんだよ。この広大な排他的経済水域があるため、中国は漁業や資源採掘を自由にできず困っているんだ。

第3章　なぜ憲法9条があるのに自衛隊が必要なの?

わー、細長い日本列島の周辺の広大な海が日本のものなのね

領海
接続水域
排他的経済水域(EEZ)

ロシア
中国
北朝鮮
韓国
日本
択捉島
太平洋
台湾
与那国島
火山列島
南鳥島
沖ノ鳥島

EEZ内で韓国、中国、北朝鮮などが不法に乱獲をして困っています

この広大な日本の排他的経済水域が中国を封じ込めている形なんだ

海に日本の領海があるなら、空にも日本の所有する空間はあるの?

 ななちゃん、えらい! それぞれの国は領海(陸地から約22kmまでのエリア)の上空を「領空」と呼ぶんだ。そして自国の領空に侵入する可能性がありそうな航空機を識別して警戒態勢をとるエリアを「防空識別圏」というんだ。

 なぜ「防空識別圏」はこんなに広いの?

 戦闘機はマッハ2(時速2400km)以上で飛んでくるから、広く設定しないと敵の攻撃を防げないんだ。航空自衛隊は他国の軍用機が防空識別圏に入ると、緊急発進(スクランブル)して追い払っているんだよ。

第3章 なぜ憲法9条があるのに自衛隊が必要なの?

中国が設定した
防空識別圏

日本の領空
日本の防空識別圏

防空識別圏は常にレーダーで監視しているんだ。領空近接の危険がある航空機に対しては、軍事的予防措置を行使できるよ

日中で重複する空域

その尖閣諸島上空に毎日のように領空近接する国があるのね

ロシア
中国
北朝鮮
韓国
日本
尖閣諸島
沖縄
台湾
与那国島
火山列島
沖ノ鳥島

左ページの図で「日中で重複する空域」ってあるけど、どうして二つの国の防空識別圏が重なったりするの？

 防空識別圏が重なることは世界でも珍しくないことだよ。どの国も自由に設定できるよ。ただし、中国はこのエリアを通過する飛行機に中国の指示に従うように義務づけている点が国際ルールから逸脱してるんだ。中国の狙いは次の3つと言われてるよ。

① 尖閣諸島が自分達の領土だという世界へのアピール

② ここは日米軍の訓練空域なので日米への牽制

③ 南シナ海における漁業管理・エネルギー資源の強化

2013年11月に突然に東シナ海に防空識別圏を設定した中国の狙いはこれだよ

尖閣諸島や東シナ海をめぐって火種になりそうね

 他の国の領空には入ってはダメなの？

 常にレーダーで防空識別圏は監視しているんだ。申し出のあった旅客機や軍用機も問題なく飛行できるけど、無断で侵入してきた飛行機には戦闘機を発進させて目で確認を行い、必要に応じて警告して追い払ってるんだ。防空識別圏はあくまで識別のみ。相手が攻撃してきたり領空に入らない限り撃ち落とせないんだ。

第3章　なぜ憲法9条があるのに自衛隊が必要なの？

質問 16 Q そもそも何でアメリカ軍の基地が日本にあるの？

 隊長、ニュースで見たんだけど、沖縄でアメリカ軍の基地建設に反対するデモがあったんだって。何で外国の軍隊の基地が日本にあるの？

 日本とアメリカは「日本が攻撃を受けたらアメリカ軍も日本に協力して日本を守る」という約束（日米安保条約）をしているからだよ。そのために全国各地に78か所の米軍基地があるんだ。

座間
陸軍第1軍団
前方司令部
（陸自中央即応集団
司令部が移転予定）

車力
陸軍

三沢
空軍、海軍

岩国
海兵隊

横田
在日米軍司令部
空軍
（空自航空総隊
司令部が移転予定）

佐世保
海軍

厚木
海軍

コートニー
海兵隊第3海兵
遠征軍司令部

トリイ
陸軍

横須賀
海軍第7艦隊
（海自自衛艦隊司令部）

嘉手納
空軍

普天間
海兵隊

ホワイトビーチ
海軍

米軍はアジアと日本の平和を見守るため日本に駐留しているんだ

日本を攻撃する国は米軍に攻撃したとみなして戦うぜ

相棒、頼りになるぜ

これが日米安保条約なのね

そもそも何で日本とアメリカは「日米安保条約」を結ぶことになったの？
何で他国の為に命をかけてくれるの？

 第2次世界大戦で日本はアメリカとの戦争に負けて、日本は軍隊を持っ
てはいけないことになったんだ。しかし、世界情勢が冷戦といわれるソ連(ロ
シア)陣営とアメリカ陣営の対立がおきて、アメリカはアジアの平和を維持
する必要を感じたんだ。そこで日本と軍事的な協力関係を結ぶことにした
んだね。

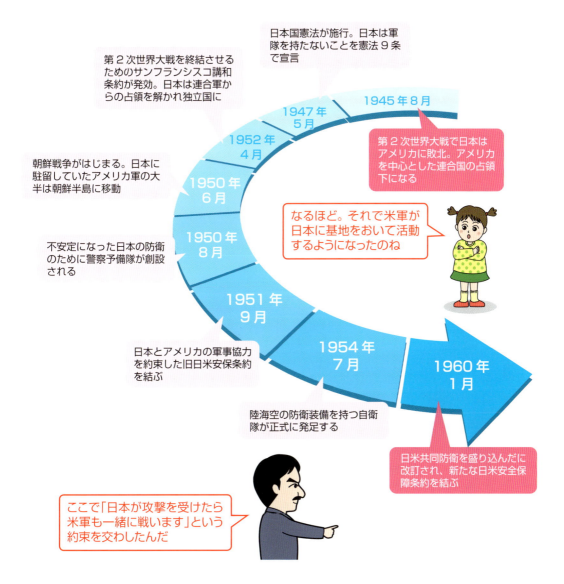

第2次世界大戦を終結させる
ためのサンフランシスコ講和
条約が発効。日本は連合軍か
らの占領を解かれ独立国に

日本国憲法が施行。日本は軍
隊を持たないことを憲法9条
で宣言

1947年
5月

1945年8月

1952年
4月

第2次世界大戦で日本は
アメリカに敗北。アメリカ
を中心とした連合国の占領
下になる

朝鮮戦争がはじまる。日本に
駐留していたアメリカ軍の大
半は朝鮮半島に移動

1950年
6月

なるほど。それで米軍が
日本に基地をおいて活動
するようになったのね

不安定になった日本の防衛
のために警察予備隊が創設
される

1950年
8月

1951年
9月

日本とアメリカの軍事協力
を約束した旧日米安保条約
を結ぶ

1954年
7月

1960年
1月

陸海空の防衛装備を持つ自衛
隊が正式に発足する

日米共同防衛を盛り込んだに
改訂され、新たな日米安全保
障条約を結ぶ

ここで「日本が攻撃を受けたら
米軍も一緒に戦います」という
約束を交わしたんだ

どうして沖縄にアメリカ軍の基地ができたの？

 沖縄は1972年に日本に返還されるまでアメリカの統治下にあったんだ。それで沖縄には広い基地が作られ、朝鮮戦争ではここから多くの米軍兵士が出兵したんだ。それで日本国内のアメリカ軍基地の面積の7割が沖縄に集中しているんだ。昔から沖縄は台湾、中国、朝鮮半島にも近く、今でも地理的に重要な軍事拠点としての機能を担っているんだね。

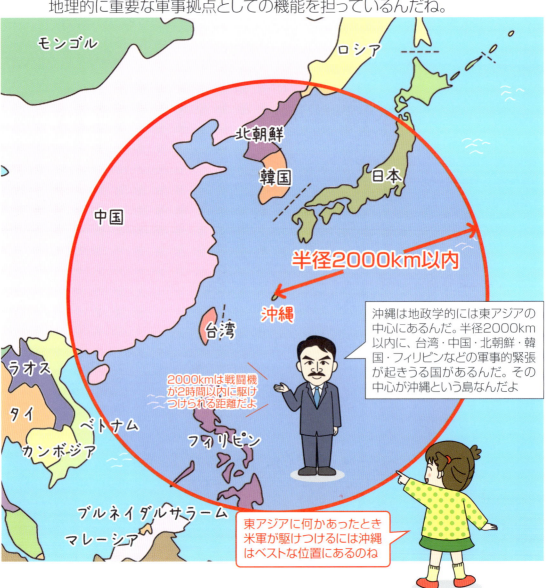

沖縄は地政学的には東アジアの中心にあるんだ。半径2000km以内に、台湾・中国・北朝鮮・韓国・フィリピンなどの軍事的緊張が起きうる国があるんだ。その中心が沖縄という島なんだよ

2000kmは戦闘機が2時間以内に駆けつけられる距離だよ

東アジアに何かあったとき米軍が駆けつけるには沖縄はベストな位置にあるのね

どうして沖縄のアメリカ軍基地に反対している人がいるの?

 基地の飛行機などの騒音や、軍人が地元で起こす交通事故や犯罪を反対理由にあげているよ。そのため米軍も深夜の離発着の訓練を制限したり、兵士の教育や夜間外出の禁止など努力しているんだ。

 沖縄の人達がいやがっているということは、沖縄の米軍はそうとうに悪い人達なの?

 実はとっても良い人達だよ。沖縄に駐留する米軍兵士やその家族は地元の街や浜辺の清掃活動、地元民との親善イベント、貧しい子供達へ毎日食事を提供したりなどのボランティア活動を盛んに行っているんだ。

海岸や公園の清掃活動

福祉施設の慰問

その他、お祭り・スポーツ・音楽祭など、年間2,500回以上もの地域交流行事・活動を実施したり参加したりしています

貧困児童へ毎日300人分の食事提供

米海兵隊基地開放イベント

え、年間2500回以上もイベントをやっているの?米軍の人々って良い人達なのね

沖縄に駐留する米国の軍人はこんなに良いこともたくさんしているのに、どうして日本人には伝わらないのかな？

 日本のテレビや新聞の中には米軍の事件は大きく伝え、良い行いは伝えないものもあるのが原因の一つだね。

 テレビや新聞が正しく伝えないと、ますます反対運動は大きくなってしまうのでは？

 そうだね。沖縄で基地反対運動している人達の中には、過激な活動をする人達もいて、沖縄の地元民とトラブルも起きているんだ。

米兵家族への激しい抗議　機動隊員への激しい抗議　工事車両の通行妨害

怖いことをせずに話し合えばいいのにね

反対運動する人々の中の一部には不思議なことに外国人もいるんだ

 沖縄の人はほとんどが米軍基地に反対しているの？

 観光収入に頼る沖縄は、基地があることの経済的メリットも大きいんだ。実際に地元の人と話すと「本当は賛成だけど、睨まれるので大きい声で言えない。」「大きな声で反対を叫ぶ人には県外から来た人もいる。」といった意見もあるよ。

第3章 なぜ憲法9条があるのに自衛隊が必要なの？

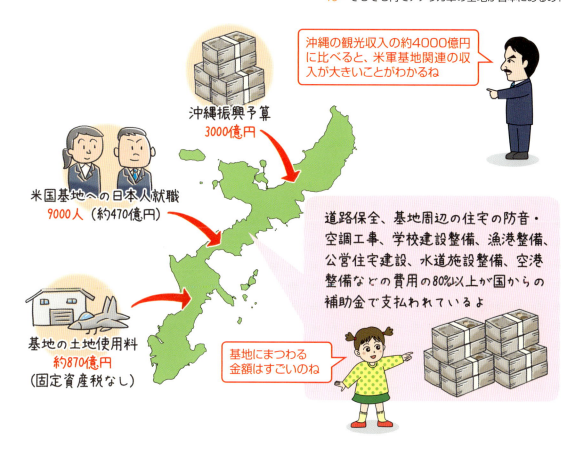

沖縄の観光収入の約4000億円に比べると、米軍基地関連の収入が大きいことがわかるね

沖縄振興予算
3000億円

米国基地への日本人就職
9000人（約470億円）

基地の土地使用料
約870億円
（固定資産税なし）

道路保全、基地周辺の住宅の防音・空調工事、学校建設整備、漁港整備、公営住宅建設、水道施設整備、空港整備などの費用の80%以上が国からの補助金で支払われているよ

基地にまつわる金額はすごいのね

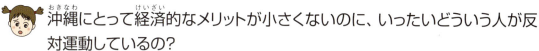 沖縄にとって経済的なメリットが小さくないのに、いったいどういう人が反対運動しているの?

 地元の人や県外から来た人達など色んな人達が、それぞれの思いで反基地の運動をしてるんだ。日本には思想信条の自由が憲法で保障されているから悪いことではないんだよ。ただ、暴力を振るう人は警察に逮捕されているよ。穏やかに話し合わないとだね。

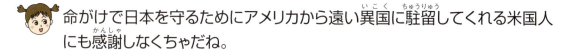 命がけで日本を守るためにアメリカから遠い異国に駐留してくれる米国人にも感謝しなくちゃだね。

 そうだね。そして日本のみならずアジアの平和のために米軍基地を受け入れていただいている沖縄県民の方々にも、すべての日本国民は感謝しなければいけないよ。

自衛隊は日本に飛んでくるミサイルを防げるの？

 このところ北朝鮮が日本海にミサイルを撃つというニュースが多くて怖いな。隊長、日本は大丈夫なの？

 防衛に完璧ってことはないけど、日本は2段階で敵のミサイルを撃ち落とす体制をとっているんだ。マッハ20以上の速さで飛んでくるミサイルを撃ち落とす実績を積んでいるシステムを日本は採用しているんだ。安心してね。

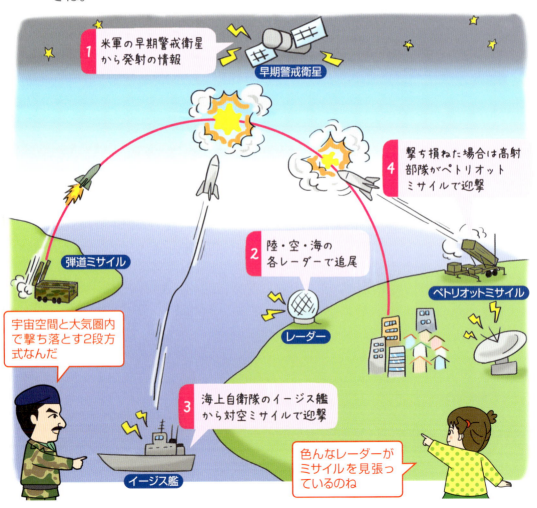

1 米軍の早期警戒衛星から発射の情報

早期警戒衛星

4 撃ち損ねた場合は高射部隊がペトリオットミサイルで迎撃

弾道ミサイル

2 陸・空・海の各レーダーで追尾

ペトリオットミサイル

レーダー

宇宙空間と大気圏内で撃ち落とす2段方式なんだ

3 海上自衛隊のイージス艦から対空ミサイルで迎撃

イージス艦

色んなレーダーがミサイルを見張っているのね

隊長、そんなマッハ20以上の速さで飛んでくるミサイルを本当に撃ち落とせるの？　なんか信じられないわ

第一段階の迎撃を行う日本製のイージス艦「きりしま」は飛んでくるミサイルを宇宙空間で捉えて撃ち落とす凄腕名人なんだ。ハワイ沖で行った大陸間弾道弾の迎撃試験では、大陸間弾道弾を宇宙空間で迎撃に成功したんだよ。大陸間弾道弾がミサイルで撃墜という快挙に、米国のミサイル防衛庁(MDA)が驚愕していたくらいだよ。

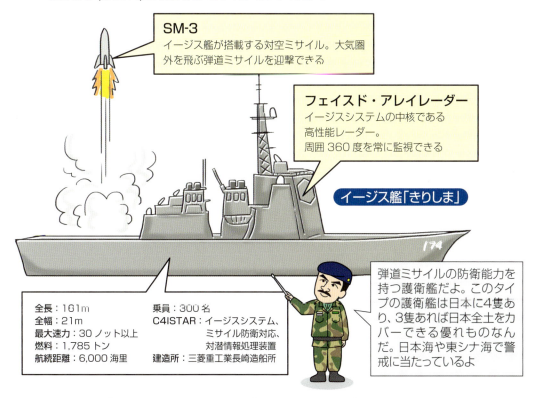

SM-3
イージス艦が搭載する対空ミサイル。大気圏外を飛ぶ弾道ミサイルを迎撃できる

フェイズド・アレイレーダー
イージスシステムの中核である高性能レーダー。周囲360度を常に監視できる

イージス艦「きりしま」

弾道ミサイルの防衛能力を持つ護衛艦だよ。このタイプの護衛艦は日本に4隻あり、3隻あれば日本全土をカバーできる優れものなんだ。日本海や東シナ海で警戒に当たっているよ

全長：161m	乗員：300名
全幅：21m	C4ISTAR：イージスシステム、
最大速力：30ノット以上	ミサイル防衛対応、
燃料：1,785トン	対潜情報処理装置
航続距離：6,000海里	建造所：三菱重工業長崎造船所

もし第1段階でイージス艦が敵のミサイルを撃ち落とせなかったらどうするの？

敵の弾道ミサイルから日本を守る最後の要が「ペトリオットPAC-3」というアメリカ製の迎撃ミサイルシステムなんだ。イージス艦が撃ち損ねたミサイルに対応し、複数目標に対して同時に対処できる高い撃墜能力を持っているんだ。日本全国に16の拠点に配備されているよ。

第3章　なぜ憲法9条があるのに自衛隊が必要なの？

発射機
ミサイル本体が
納められた発射機

射撃管制装置：システム全体の管理を行う PAC-3 の心臓部
レーダー装置：レーダーのアンテナ。
　　　　　　　　目標の捜索・追尾ミサイルへの指令
電源車：システム全体への電源供給。ガスタービンエンジン
AMG：通信のためのアンテナが集まった装置

全長：5.2m
翼幅：0.48m
弾体直径：0.25m
重量：315kg

大気圏外のミサイルは
護衛艦のイージスミサイ
ル、大気圏内のミサイル
はペトリオットPAC-3で
撃ち落とすという役割分
担なんだ

ペトリオットPAC-3

そもそもミサイルって、目標の地点を正確に狙えるものなの？　風や雨で
狙いが狂うことある？

ミサイルはロケットと同じ構造をしていて、2段から3段階で燃料を途中で
切り離しながら、先端部分(ペイロード)を宇宙で切り離す仕組みなんだ。
ペイロードに人工衛星を乗せるとロケットになり、弾頭(破壊装置)を乗せる
とミサイルになるんだ。弾頭は誘導装置やGPSを使いながら目標地点に
到達できるようになっているよ。

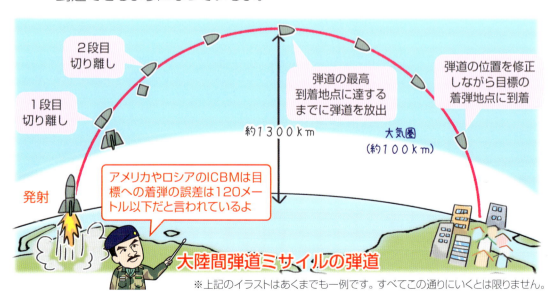

2段目
切り離し

1段目
切り離し

弾道の最高
到着地点に達する
までに弾道を放出

弾道の位置を修正
しながら目標の
着弾地点に到着

約1300km

大気圏
(約100km)

発射

アメリカやロシアのICBMは目
標への着弾の誤差は120メー
トル以下だと言われているよ

大陸間弾道ミサイルの弾道

※上記のイラストはあくまでも一例です。すべてこの通りにいくとは限りません。

第3章
なぜ憲法9条があるのに自衛隊が必要なの？

第4章

自衛隊を支えるのは
どんな人達？

質問18 海外で活躍する自衛隊員って戦争のお手伝いをしてるの？

 隊長、テレビを見てたら自衛隊が「カケツケケイゴ」によって、海外で人殺しをできるようになったってコメンテーターが言ってたけど、それ本当？

 「駆けつけ警護」のことだね。これは紛争国で支援活動をしている日本人を含む国連職員やNGO職員が危険な目に遭っているときに近くにいた自衛隊が助けに行けるようにした法律(平和安全法制)の運用指針の一つなんだ。

第4章 自衛隊を支えるのはどんな人達？

これまでは自衛隊と行動を共にしていない国連職員などを助けに行くことができなかったのを「駆けつけ警護」によって救出できるようになったんだ

自衛隊の活動エリア

今、助けるよ！

平和安全法制の駆けつけ警護

平和安全法制ができる前の日本

HELP ME!

テロリスト

NPO職員

国連職員

自衛隊のいないエリア

えー、これまでは仲間が近くにいても法律によって援護できなかったなんて酷いじゃん！

基本的な質問だけど、紛争地になぜ民間人がいるの?

 世界の紛争地や途上国には、自衛隊より多くの国連職員やNGO(「国境なき医師団」など民間のボランティア団体)職員が活動しているんだ。そこには日本人もいるんだよ。現地の復興に貢献し、地元の人達に感謝されているのに、彼等がテロリストに襲われて誘拐されたり殺害される事件も少なくないのが実情なんだ。

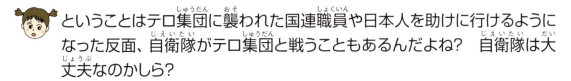

医師・看護師・歯科医

国連職員

国際支援機関

物資の手配や搬入ボランティア

通訳やコーディネーター

紛争地

勇気のある人達なのね

紛争地にはたくさんの人達が支援のために現地入りしているんだ

けが人　妊婦　こども　老人

 ということはテロ集団に襲われた国連職員や日本人を助けに行けるようになった反面、自衛隊がテロ集団と戦うこともあるんだよね?　自衛隊は大丈夫なのかしら?

 陸上自衛隊には国際任務やテロ・ゲリラに即応対処する「中央即応連隊」という特殊な訓練を受けたスーパーマンみたいな凄腕の自衛隊員などが任務に当たるよ。

こうやって高度な戦闘訓練を繰り返している自衛隊の部隊は世界屈指の猛者達が勢揃いしてるんだ

うわー、強そう。民間人は安心してボランティアができそうね

隊長、海外派遣に行く自衛隊員はどうやって選ばれるの？

海外に行く目的が災害援助をする「国際緊急援助活動」か、紛争国の復旧や平和の為の「国連平和維持活動(PKO)」かによって、それぞれの選りすぐりのプロフェッショナルに派遣命令が下されるよ。特に橋や道路を建設したりする施設部隊の高い能力は、災害援助では世界の人々から絶賛されているんだ。

これは現地の人に喜ばれるわね

施設部隊は自衛隊だけの特殊な重機も駆使して橋や道路を作る名人なんだ

測量　採取　転圧

第4章 自衛隊を支えるのはどんな人達？

海外で活動する自衛隊員は現地の人々から喜ばれているのね。自衛隊員は他の国の兵士と比べて、どういう点が優れているの？

作業に当たっては地元の人と現地の言葉でコミュニケーションをとり、交流会を開いたりしてるんだ。また派遣部隊には「対外調整班」というのがあって、現地の政府と国連の調整を行う仕事もしているんだ。日本人固有のきめ細やかな心配りが信頼を得るんだね。

現地の言葉でコミュニケーション　日本の遊びを子供達に教える　積極的に文化交流をする

やがて現地の人も心を開き、自衛隊が駐屯した地域は不思議と治安も良くなるんだ

その国を安定させる大切な役割を自衛隊の皆さんが果たしているのね

Q 自衛隊員って他の国の兵士と比べて凄いの？ 普通なの？

他国の戦闘機が日本の空に侵入して来たとき、自衛隊の戦闘機がいつも追い払っているよね？ 自衛隊のパイロットってどれくらいの腕前なのかな？

毎日、自衛隊の戦闘機パイロットは機体の限界に近い危険な飛び方をしたり、時速1200km以上で飛ぶ戦闘機同士で5㎞～10㎞の間でミサイルや機関砲を撃ち合う模擬戦を行っている音速の猛者達だよ。

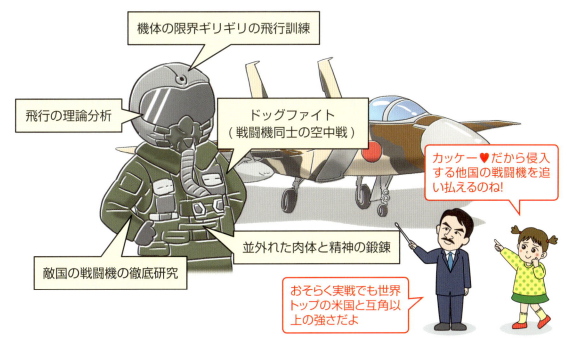

機体の限界ギリギリの飛行訓練

飛行の理論分析

ドッグファイト
(戦闘機同士の空中戦)

敵国の戦闘機の徹底研究

並外れた肉体と精神の鍛錬

カッケー♥だから侵入する他国の戦闘機を追い払えるのね!

おそらく実戦でも世界トップの米国と互角以上の強さだよ

格好いいね。私でも戦闘機のパイロットになれるかなー？

戦闘機は数秒で高度7000メートルまで急上昇したり、800メートルくらいまで急降下したりするんだ。気圧の急激な変化や、5Gくらいの重力に耐えられる筋力や体力が必要だよ。また遠方の機影を見分ける視力も必要だよ。戦闘機は旅客機とは大違いで過酷な飛行をするからパイロットに求められる資質もハードルが高いんだ。

隊長、「中国の潜水艦が日本列島の周辺を探索」というニュースを見たけど、隠れているはずの潜水艦を見張っている人がいるの？

 そうだよ。常に空と海上と海底を監視する忍者のような職人が目を光らせているんだ。特に日本の哨戒機やイージス艦で不審な潜水艦を見つけて追いかける自衛隊員の練度(その仕事の熟練度)はもはやベテラン職人の域に達していて、世界から一目置かれているんだ。

飛行機とかハイテク機器が故障したら大変ね。そういう時に自衛隊は修理屋に頼むの？

 自衛隊には装備メンテナンスの専門部隊があるんだ。たとえば緊急スクランブルで限界ギリギリまで機体を酷使する戦闘機はきめ細やかなメンテナンスが不可欠なんだ。エンジンの内部を内視鏡で覗いたり、エンジン音で不具合を予見したり、分解整備したりと重労働なんだ。もちろん、難しい修理などは防衛産業にお願いしているものもあるよ。

限られた時間の中で完璧に修理する凄腕なのね

自衛隊は飛行機や車両などを整備する大勢の整備員によって支えられているんだ

車両整備員

えー、自動車とか飛行機を整備する専門の自衛隊員がいるのね。勤務時間は会社員のような感じなの？

たとえば航空機整備士の一日はこんな感じだよ。ただし、自衛隊員は24時間対応できる勤務体制で、いつ緊急事態の作業がはいるかわからないよ。時には夜を徹して整備している部隊もあるんだ。ここが民間企業と大きく違う所だね。

意外に規則正しいのね。ホワイト企業みたい

時刻	内容	時刻	内容
6:00	起床	13:00	午後の整備開始
6:20	朝食	16:50	終礼を各チームで開始
7:30	整備隊で朝礼	17:00	業務終了
8:00	航空機整備開始	22:00	消灯
12:00	昼食		

ところが緊急事態になると24時間体勢で対応する頼もしい整備チームなんだ

質問20 Q 自衛隊員はふだんは どこで寝泊まりしてるの？

 自衛隊員は24時間の出動態勢をとっているんでしょ？　ふだんはどこで生活しているの？

 幹部以外の自衛隊員は基地・駐屯地に住んでいるよ。多くは一室4人の相部屋で、23時に消灯、6時に起床という規則正しい生活をしているよ。職種によっては昼夜に交代制で任務に就く自衛隊員もいるよ。

第4章　自衛隊を支えるのはどんな人達？

自衛隊員はよく眠ることも任務のひとつなんだ

規則正しい生活なのね

幹部は駐屯地以外の自宅または官舎に住むことが許されているよ

自衛隊員は結婚しても基地で団体生活しなければいけないの?

結婚すると家族で暮らすために、基地や駐屯地の外に家を借りて暮らすか、官舎と呼ばれる公務員宿舎で暮らせるようになるよ。ただし、自衛隊員には「指定場所に居住する義務」があり、緊急時にすぐに駆けつけられる地域に住む必要があるんだ。

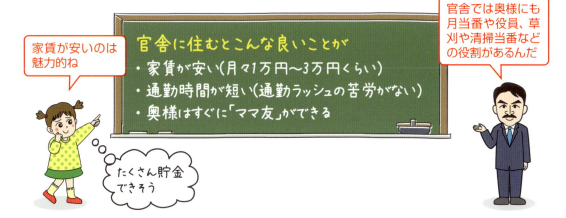

官舎では奥様にも月当番や役員、草刈や清掃当番などの役割があるんだ

家賃が安いのは魅力的ね

官舎に住むとこんな良いことが
- 家賃が安い(月々1万円〜3万円くらい)
- 通勤時間が短い(通勤ラッシュの苦労がない)
- 奥様はすぐに「ママ友」ができる

たくさん貯金できそう

 海上自衛隊の自衛隊員は何週間も船の上にいるんでしょ? どこでどうやって眠っているの?

航行中の艦艇は24時間で活動しているので、隊員は一般に3つのシフト体制で睡眠についているんだ。幹部以外は8畳ほどの空間に3段ベッドが4つあり、12人が寝れるようになってるんだ。エンジンの音や振動が響く狭い空間だけど、隊員達はそれが逆に落ち着くらしいよ。

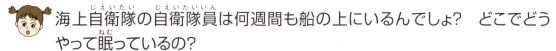
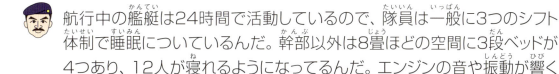

ベッドの階段はなくて革のベルトでよじ登る仕組みなんだ

うわー、私なら上れないかも

ヤキソバたべたい…

隊員は野外で眠るときもあるの？

そうなんだ。陸上自衛隊では、雨や風、或いは雪など色々な気象条件の中で野営用のテントを張って眠る訓練もあるんだ。実戦を想定しての訓練では、半長靴をはいたまま寝袋に入ることもあるよ。

野営用テントを張ってエアマットレスの上に不袋を並べるのを15分以内にやるよ。これも実戦を想定した訓練のひとつなんだ

キャンプみたいで楽しそう

一人で野営することもあるの？

野外で暴風雨や大雪の中で生き延びるための実戦訓練として、一人で野営することはあるよ。仮眠用の防水ポンチョをかぶって小銃を持ちながら寝たり、雪に穴を掘って雪洞の中で寝たりという訓練もあるんだ。

移動中の仮眠

どんな状況の中でもしっかり眠るということは自衛隊員にとってとても大切なんだ

ありの〜ままの〜♪

雪の中での仮眠

わお、雪の穴の中で眠るのは寒そう

質問21 プロの「運び屋」が自衛隊に？

隊長、天皇陛下や総理大臣が海外に行くときには自衛隊の飛行機に乗るの？

総理大臣や国賓の輸送には政府が所有する政府専用機を使うよ。ただし、緊急事態に備えて突発的な任務にも対応できるように、パイロットと乗組員は全て自衛隊の航空輸送部隊が当たっているんだ。

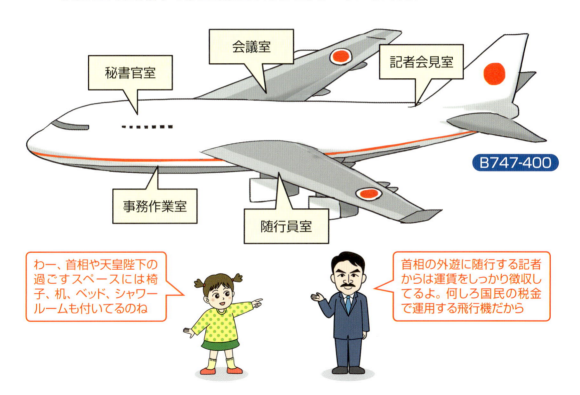

秘書官室
会議室
記者会見室
事務作業室
随行員室
B747-400

わー、首相や天皇陛下の過ごすスペースには椅子、机、ベッド、シャワールームも付いてるのね

首相の外遊に随行する記者からは運賃をしっかり徴収してるよ。何しろ国民の税金で運用する飛行機だから

航空輸送部隊ってVIPだけを専門に運ぶ部隊なの？

人だけでなく、物資の輸送も任務だよ。車両やレーダーなどのメンテナンスで部品を急いで輸送しなければならないとか、隊員を派遣するとか、全国の基地間で毎日のように人とモノが移動しているんだ。それを支えているのが航空輸送部隊なんだ。

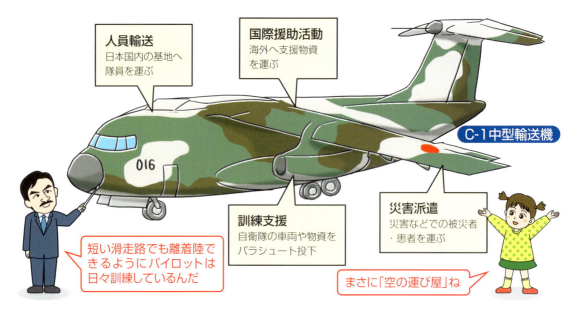

人員輸送
日本国内の基地へ
隊員を運ぶ

国際援助活動
海外へ支援物資
を運ぶ

C-1中型輸送機

016

訓練支援
自衛隊の車両や物資を
パラシュート投下

災害派遣
災害などでの被災者
・患者を運ぶ

短い滑走路でも離着陸で
きるように パイロットは
日々訓練しているんだ

まさに「空の運び屋」ね

 重い機材を運ぶので、パイロットなどの搭乗員は大変な技術が必要ね。

 そうなんだ。重いトラックを積んだ場合と、人を運ぶ場合では機体の重さが違うから事前に重量の測定や片寄っていないかバランスチェックが必要なんだ。その大切な仕事をこなす空中輸送員という専門職種があるんだ。

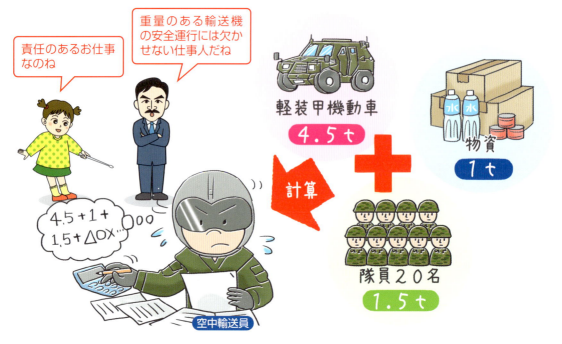

責任のあるお仕事
なのね

重量のある輸送機
の安全運行には欠か
せない仕事人だね

軽装甲機動車
4.5 t

物資
1 t

計算

隊員20名
1.5 t

4.5＋1＋
1.5＋△○×…

空中輸送員

第4章 自衛隊を支えるのはどんな人達？

ということは、もしかして「海の運び屋」もいるの？

賢いね。屈強な護衛艦でも海に浮かぶ船である以上は、燃料や食糧や水がなくなると活動できないんだ。その大切な役割を海上輸送艦や補給艦が担っているよ。彼等はペルシャ湾での多国籍軍の活動や、東日本大震災でも大活躍した部隊なんだ。

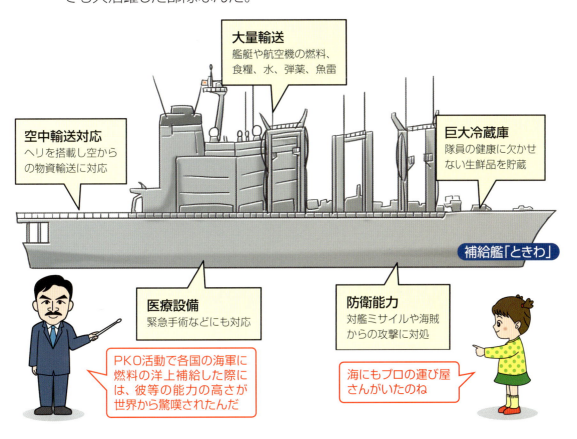

大量輸送
艦艇や航空機の燃料、食糧、水、弾薬、魚雷

空中輸送対応
ヘリを搭載し空からの物資輸送に対応

巨大冷蔵庫
隊員の健康に欠かせない生鮮品を貯蔵

補給艦「ときわ」

医療設備
緊急手術などにも対応

防衛能力
対艦ミサイルや海賊からの攻撃に対処

PKO活動で各国の海軍に燃料の洋上補給した際には、彼等の能力の高さが世界から驚嘆されたんだ

海にもプロの運び屋さんがいたのね

  当然、自衛隊には陸上にもプロの運び屋さんがいるんでしょ？

そうだよ。わが陸上自衛隊にも輸送部隊があるんだ。軍隊には「輸送」という機能が不可欠で、日本にも陸上自衛隊輸送学校で専門的な教育をしているんだ。人員・装備品の輸送、道路使用規制などの専門家の集団だよ。重い戦車などを運ぶトレーラー操縦手、物流ターミナルで荷物の仕分けを行う専門家が活躍してるんだ。

自衛隊員の命を守る自衛隊員って？

 隊長、航空会社みたいに大雪の日は自衛隊の飛行機は飛ばなくなったりするのかな？

 自衛隊は緊急時には天候にかかわらず出動しなくてはいけないんだ。そのとき滑走路の不備があると、飛行機に乗る隊員の命に直結するよね。滑走路が365日24時間いつでも使えるように、除雪や滑走路の修復を専門に行う自衛隊の航空施設隊が頑張っているんだ。

滑走路の修復は迅速に対応します

日勤と夜勤の2シフト制で除雪作業に当たります

真冬の除雪作業は寒そう！ご苦労さまです

施設隊の隊員は土木作業や重機操作の訓練を積んだ縁の下の力持ちなんだ

 整備など隊員の命を預かる仕事は自衛隊には色々あるんだね。

 そうだね。たとえば、陸上自衛隊にはパラシュートを整備する「落下傘整備員」という人達が空挺隊の命を支えているんだ。丸められた状態で回収されたパラシュートを再び飛べるよう草やゴミをとって丁寧に包み直して折りたたむ専門家なんだ。

全てのパラシュートには包装した隊員の氏名・階級・日付が明記されるんだ

ベテランは15分で、新人は40分以上もかかる仕事なんだ

落下傘整備員

約18m

飛行機から飛び降りる空挺隊員の命を預かる大切なお仕事なのね

自衛隊の飛行機がいつどこを飛んでいるかは誰かが管理しているの？

それは航空保安管制群が監視・管理してるんだ。領空近接へのスクランブル発進、輸送機による物資や人員輸送、航空会社の旅客機、報道ヘリなど、管制官は事故がないようにあらゆる航空機に目を光らせる大切な役割なんだよ。

VIP搭乗の輸送機が到着します！

中国の領空侵犯だ。スクランブル許可する

輸送ヘリCH-47 着陸要請を許可

空の安全を守る職人集団だよ

かっこいいわー♥

滑走路に害鳥の情報。駆除車両は急行せよ

  自衛隊員がケガをしたときには救急車を呼ぶの？

陸上自衛隊には負傷した隊員の手当を行う衛生科という職種があるんだ。活動地域では銃で撃たれたり、骨折したりなど、危険な状況でも迅速に判断して的確に治療する訓練を積んでいるよ。日頃は隊員の健康チェックなどもしている医療の専門家チームだよ。

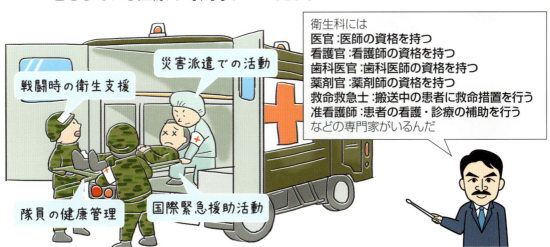

戦闘時の衛生支援

災害派遣での活動

衛生科には
医官：医師の資格を持つ
看護官：看護師の資格を持つ
歯科医官：歯科医師の資格を持つ
薬剤官：薬剤師の資格を持つ
救命救急士：搬送中の患者に救命措置を行う
准看護師：患者の看護・診療の補助を行う
などの専門家がいるんだ

隊員の健康管理

国際緊急援助活動

第4章 自衛隊を支えるのはどんな人達？

85

日本では銃撃戦がほとんどないから銃で負傷した人の治療はうまくできるかな？

 そうだね、自衛隊の任務拡大によって、自衛隊員が銃で負傷するリスクも出てくるよね。現在は自衛隊の衛生科隊員は米国の病院などで実際の応急措置や治療などの体験を積んでいるんだ。将来は自衛隊もアメリカ陸軍のように、衛生科隊員だけでなく一般の自衛隊員も救急の医療措置の訓練を充実しないといけないと思っているよ。

 自衛隊の飛行機に事故があったときは誰が助けるの？

 不時着したり墜落したときにパイロットや乗務員を助けるのが航空自衛隊救難隊だよ。特に戦闘機は敵機を相手にするので機体性能のギリギリまで酷使するんだ。その守りの要のパイロットを救うため全国10カ所に救難隊がスタンバイしているよ。

救難ヘリコプターUH-60J

パイロットは耐寒耐水スーツを着ていて真冬の海でも一時間以上は浮いて救助できるようになっているんだ

救難捜索機U-125A

救難隊は災害派遣でもその実力を発揮する救助のプロ集団なのね

質問23 え？ 自衛隊にはこういう職種の人達もいるの？

 隊長、外国の要人が来たときに隊列で出迎える背の高い集団ってどういう人達なの？

 ななちゃん、お目が高いね（笑）その集団は通称「イケメン隊」と呼ばれる陸上自衛隊302保安警務中隊なんだ。国賓の歓迎式典、防衛相の就任式、離任式などで儀礼を行うのが任務なんだ。採用にもルックスが重視され、女性に大人気の部隊だよ。

採用条件
①身長：170から180cm
②体重：60から70kg
③容姿端麗であること

きゃー、イケメン隊
ステキー♥

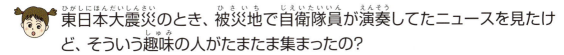

陸上自衛隊302保安警務中隊

 東日本大震災のとき、被災地で自衛隊員が演奏してたニュースを見たけど、そういう趣味の人がたまたま集まったの？

 それは自衛隊音楽隊の慰問演奏会だね。ほとんどが音大を卒業した音楽家で、自衛隊音楽隊は陸海空それぞれに複数の部隊がいて活動しているんだ。

国賓の歓迎式典で演奏

東京オリンピックで演奏

定例演奏会で演奏

昭和天皇大喪の礼で演奏

被災地で慰問演奏

皇太子殿下の結婚の儀で演奏

各国の軍隊も本格的な音楽隊を持っているんだ

本物の音楽家の集団だったのね

第4章
自衛隊を支えるのはどんな人達？

 どうして国防（こくぼう）のお仕事に音楽が必要なの？

 まずは命がけの過酷（かこく）な任務（にんむ）をこなす隊員達を励ます目的での活動があげられるね。海外でこれから危険（きけん）な任務（にんむ）に出発するというとき、「宇宙戦艦（うちゅうせんかん）ヤマト」の歌詞（かし）が胸（むね）に染（し）みて「必ずここに帰ってくるぞ」と誓（ちか）う隊員（たいいん）も多いんだよ。

音楽が人を励ます力になることがあるのね

おとうさーん！

あなたー

被災地でも音楽隊の演奏は喜ばれたんだよ

音楽隊は訓練とかは一切やらなくてもいいの？

ほぼ、音楽に専念できるけれど、有事に備えて軍事訓練もしっかりあるよ。自衛隊の音楽隊で有名な「歌姫」のお姉さん達も、ランニング・ほふく前進・射撃・腕立て伏せなどの基礎訓練や、20kgの装備品を背負って25km歩く野外訓練などをこなした人達なんだよ。

 自衛隊には武器を持たない自衛隊員がたくさんいるのね。

そうだね、防衛省や自衛隊には、現場にでて活躍する自衛隊員をサポートするさまざまな職種の人達が支えているんだよ。

礼砲隊
国賓来日のときに祝砲を撃つ

プログラマー
自衛隊の管理システムの構築と管理

設備機械員
基地や駐屯地の水道や空調などの整備

応急工作員
現場で必要な装置を手作りする

経理
経費や隊員の給与の計算と支払い

サイバー防衛隊
サイバー攻撃に対する攻撃と防衛

防衛駐在官
各国の日本大使館で情報収集

法務幹部
自衛隊活動の法的な対処やアドバイス

ディーゼル員
艦艇のエンジンの操作や保守

広報官
自衛隊の活動を国民にPRする

パネルオペレーター
航空機の安全運行の指示管理

ほんの一部だけど、こんな職種の方々もいるんだよ

見えない所で私達はお世話になってるのね。感謝します！

第4章 自衛隊を支えるのはどんな人達？

隊員の食事って誰が作ってるの?

 隊長、自衛隊員の食事は誰が作ってるの? 豪華なのかな?

 自衛隊の基地や駐屯地や艦艇内には「隊員食堂」があるよ。豪華と言うより管理栄養士がカロリーや栄養素や味を考慮してメニューを考えているよ。食材の大量購入で一人当たりコストを抑え、訓練に耐えられるカロリーと栄養を確保するのが調理人の腕の見せ所だよ。

ある日の昼食

・ごはん
・野菜スープ
・コロッケ
・ローストチキン
・サラダ
・卵入り野菜炒め
・バナナ

海上自衛隊の昼食

・ふりかけごはん
・かきたま汁
・麻婆豆腐
・きゅうりの酢の物
・梅干し
・豆乳

・ごはん
・大根のみそ汁
・天ぷら
・ほうれん草のおひたし
・野菜炒め
・かぶの漬け物
・りんご

陸上自衛隊の昼食

航空自衛隊の昼食

※コスト削減で最近は外部の業者に調理を委託するケースもあります

予算は一人一日870円、約3300キロカロリーで作ってます

意外と多めのカロリーを摂ってるのね

一般成人の目安が2000キロカロリーだけど、激しい訓練をする隊員はカロリーは多めにしてるんだ

第4章 自衛隊を支えるのはどんな人達?

自衛隊の料理担当はどういう人がなるの？　持ち回りとか？

陸上自衛隊は料理を作るための専門の調理員はいなくて、通常は部外の業者に委託しているんだ。ただ、演習時などは隊員、自ら調理するんだ。海上自衛隊と航空自衛隊は調理だけを任務とする職種があるんだ。特に海の上で長期間過ごす海上自衛隊は食事がとても大切で、料理担当を育てる「海上自衛隊第4術科学校」があるくらいなんだ。

毎朝、3時半に起きて一日の仕込みを始めます

入間基地の調理員は毎日2000〜4000人分の食事を15名で分担して作ってるんだ

ランチ用に炊かれるお米の量はなんと240kgなんだって！

第4章

自衛隊を支えるのはどんな人達？

  階級によってメニューは違うの？　幹部はフルコースだったりとか？

一般的には幹部と一般の隊員は食堂が分かれているよ。でもメニューは同じなんだ。幹部だけ特別メニューとかはないよ。ただし、パイロットや潜水士など体力を使う職種には、栄養補給のために果物やデザートが一品追加されるよ。

  「海軍カレー」って有名だけど今でも海上自衛隊で食べられているの？

今でも食べられているよ。海軍では海の上で長期間過ごすため、曜日の感覚がつかめなくなることがあったんだ。それを防ぐために「土曜日にはカレー」という生活リズムを作ったのが起源だそうだよ。週休2日になってからは、金曜日になっているよ。

海軍カレー

艦艇や部隊によって伝統のレシピがあり、それぞれ味が異なるのが海軍カレーの特徴なんだ

海軍カレーは、大日本帝国海軍に由来を持つカレーライスです。小麦粉を丹念にキツネ色まで炒めて作ったルーを使うのが特徴です。海軍カレーにはサラダ、牛乳、ゆで卵などの副食が付きます

わー、食べてみたいわー♥

飛行機の上で自衛隊員は食事をとることがあるの?

長時間の飛行が任務の哨戒機や早期警戒管制機に乗る隊員に限っては、機内で食事をするよ。哨戒機P-3Cは小さなキッチンが付いているよ。ただし、機長と副機長は食中毒による事故を防ぐため、けっして同じ種類の食事をとらないんだ。

どっちにしようかな〜

レトルト牛丼　レトルトカレー

早期警戒管制機

早期警戒管制機は探索のために非常に強い電波を発信しているので、窓がないんだ。だから8時間以上も飛行する隊員達は食事が楽しみなんだそうだよ

レトルトのカレーや牛丼などを食べるのね

自衛隊員は美味しい食事が食べれていいね？

レンジャー部隊は少量の缶詰だけ持参し、後は水も食糧も現地で自分で確保するという過酷な訓練もしてるんだ。山中ではビタミンは野草や山菜、タンパク質はヘビやカエルや野鳥を捕まえて食べるというサバイバル術を身につけるんだ。

わずかな食糧のみ持参

戦闘食糧Ⅰ型

後は自分で確保する

・山菜、野草、薬草を見分けて調理
・ヘビ・カエル・野鳥を捕獲して調理
・川の水を濾過して飲む

自衛隊のレンジャー訓練は一番過酷と言われているよ

え？ヘビを食べるの？私にはちょっとムリ・・・

自衛隊員が食べる缶詰とかレトルトはおいしいの？

戦闘食糧(レーション)は缶詰(戦闘糧食Ⅰ型)とレトルト(戦闘糧食Ⅱ型)があり、これは隊員には好評なんだ。旧日本軍は戦地ではご飯を炊けずに困った経験があり、ご飯を缶詰にするという画期的な発明がされたんだ。今では白ご飯の他に、赤飯や鶏めしなどがあるよ。レトルトはハヤシハンバーグ・豚角煮・カレーなど、20数種類もあり、カンボジアPKO参加国で行われたレーションコンテストで1位に輝いたこともある品質なんだ。

美味しそうね

鶏めし　コーンミートベジタブル　赤飯　ウィンナーソーセージ　五目飯

ます野菜煮　まぐろ味付　ハンバーグ　たくあん漬

Q どうやったら 自衛隊員になれるの？

隊長、自衛隊員になるにはどうしたらいいの？

自衛隊員にはレンジャー隊員や整備士や広報や経理など、いろいろな職種があるよ。まずはなりたい職種、専門的な技術で貢献したいか大勢をまとめるマネージャーが良いのかなど、目標を定めることが大切だよ。中学、高校、大学と、どの段階からでも自衛隊員への道は用意されてるよ。

第4章 自衛隊を支えるのはどんな人達？

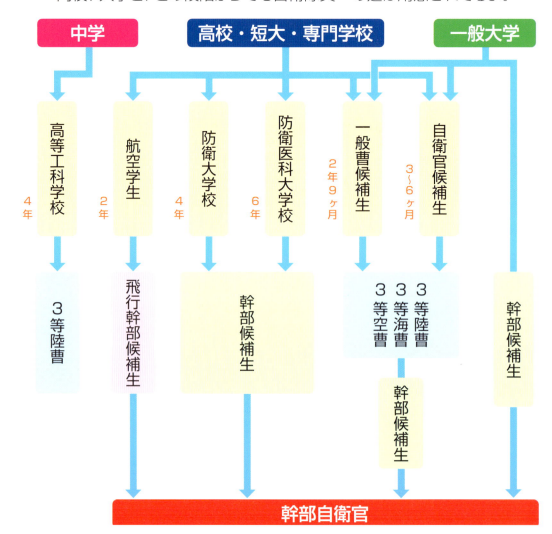

94

一般的にはお医者さんになるには随分と学費がかかるでしょ? 防衛医科大学校の授業料は安いの?

 ななちゃん、自衛隊の学校はすべて授業料は無料なんだ。それだけではなく給与やボーナスまでもらえるんだよ。たとえば中卒で高等工科学校に入ると、15歳で国家公務員になるんだ。通常、一般大学の医学部を出て医者になるまでは3000万円〜6000万円くらいかかるけど、防衛医科大学校は無料で医師免許をとれるよ。

自衛隊の学校の生徒はすべて
①授業料0円
②給料あり
③ボーナスあり
④身分は国家公務員
なのです

将来は陸上自衛隊に入りたい

医師やナースの国家資格を目指すよ

戦闘機や輸送機やヘリのパイロットを目指すよ

高等工科学校生

防衛医大生

航空学生

ぜーんぶの学生の授業料が免除なのね

 どうして学生に学費を無料にしてげたり、お給料をあげたりするの? 一般の学生に不公平にならないの?

 自衛隊が運営する学校に入った学生達は、将来、自衛隊員として日本の為に貢献する決意を持った人達なんだ。入学すると通常の学生と違って、厳しいルールの寮生活が始まるんだよ。

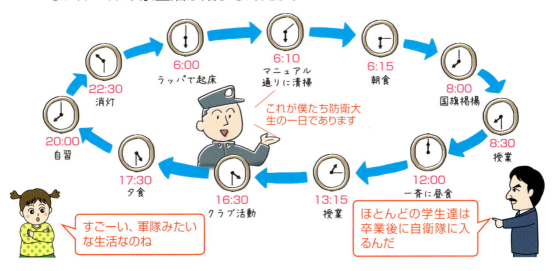

これが僕たち防衛大生の一日であります

22:30 消灯
6:00 ラッパで起床
6:10 マニュアル通りに清掃
6:15 朝食
8:00 国旗掲揚
8:30 授業
12:00 一斉に昼食
13:15 授業
16:30 クラブ活動
17:30 夕食
20:00 自習

すごーい、軍隊みたいな生活なのね

ほとんどの学生達は卒業後に自衛隊に入るんだ

オリンピックの水泳競技で活躍する選手の所属が「自衛隊体育学校」とテレビ画面に映ったけど、あの選手達は学生なの？

 自衛隊体育学校は実際は学校というより、スポーツ選手養成の自衛隊の訓練機関なんだ。オリンピックを目指す選手や、自衛隊で格闘技や体育を教える教官を養成してるんだ。トップアスリートは競技生活だけに専念できるよ。

スポンサーの付かないマイナー競技でも、給与をもらいながらオリンピックを目指して練習に専念できるメリットがあるよ

 なぜ自衛隊がスポーツ選手の育成を応援するの？

 オリンピックなど世界大会で、自衛隊体育学校の選手が日の丸をつけて出場し活躍することは、日々の厳しい任務に当たる自衛隊員を励ますことにもなるんだ。また、選手達は引退後には、その経験をいかして、若い選手の育成や一般の隊員のトレーニング指導に当たったりするので、自衛隊にも役に立つことなんだ。

第4章　自衛隊を支えるのはどんな人達？

第5章

平和のために
私達（わたしたち）にできることはある？

ヨーロッパの治安がだんだん悪くなっているのはなぜ？

 隊長、ニュースを見てると、最近はヨーロッパでさえ治安が悪くなってきてない？

 うむ、最近はヨーロッパの移民の受け入れをめぐって、暴動や暴力事件やテロなどが起き始めているね。そして、移民流入に反対するイギリス国民がEU(欧州連合)から離脱を決めたり、ヨーロッパは大きな曲がり角を迎えているね。

パリ同時多発テロ事件
2015年11月13日
パリの6カ所で爆弾。
死者130名、負傷者300名以上

大晦日イベント暴行事件
2015年12月31日
移民の集団暴行(ドイツ、
スイス、フィンランドなど)

仏ニースで革命記念日
2016年7月14日
花火見物客84人を
トラックで轢いて殺害

ヨーロッパ各地で痛ましい事件が起きているね

あの平和でオシャレなヨーロッパが…

ドイツ銃乱射事件
2016年7月22日
ミュンヘンで銃乱射。14歳の
若者を含む死者9人、負傷者27人

難民ボランティアの
殺害事件
2016年12月05日
難民収容施設でボランティアの
19歳の女子大生の殺害

第5章 平和のために私達にできることはある？

ニュースでは犯人は「イスラム過激派のテロ」と言ってたけど、イスラムの人は悪い人が多いの?

 ななちゃん、それは違うよ。僕が復興支援でイラクに行って多くのイスラムの方々にお会いして分かったのは、イスラムの人は平和を愛する善良で礼儀正しい人達だということだよ。テロ事件を起こしているのは一部の特殊な集団なんだ。彼等は「イスラム」という隠れミノを使っているだけで本当はただの犯罪集団だよ。

 ヨーロッパに流れ込む移民や難民は何の目的でどこからやってきたの?

 シリアやアフガニスタンなどでは、長引く内戦や国際紛争で土地を追われた人達が生き延びるために、移民・難民を長年受け入れてきたヨーロッパに向かったんだ。移民・難民は、その国の国民と同じ福祉を受けられるから結果的に大勢がヨーロッパに殺到したんだ。

第5章　平和のために私達にできることはある?

ところが、やがて移民・難民が増えすぎて、自国の国民の失業・治安悪化・福祉財源の不足など、色々な社会問題が起き始めたんだ

なぜ親切にしてもらっているヨーロッパで移民は騒ぎを起こしたりするのかな?

 言葉も通じない、宗教や生活習慣や文化も違う、親戚もいないという土地で異国の人が暮らすというのは、とても大変なことなんだ。そうした中で不満がたまったり、誤解をまねいたりが重なるとトラブルに発展することもあったと思うよ。

 日本は世界平和のために移民を受け入れるべきなの?

 日本も今後5年間で、シリア難民の留学生とその家族の計300人を受け入れる方針を発表したよ。受け入れ規模は小さいけど、これは日本はシリアの復興支援の方に力を入れるべきという考えがあるからなんだ。言葉も文化も違う国で暮らすより、生まれ育った祖国で親戚や友人達と暮らせるようにお手伝いする事が大切かもしれないね。

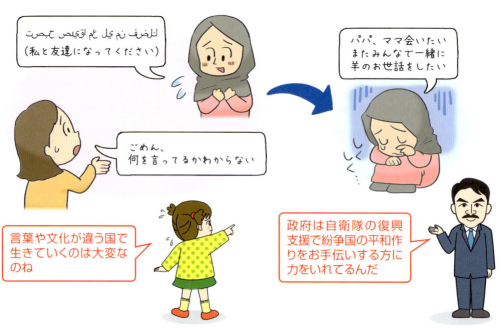

第5章 平和のために私達にできることはある?

質問 27 Q どうしたら紛争を起こす国を 平和な国に変えられるの?

 隊長、なぜアフリカは戦争や内戦が多いのかな?

19〜20世紀前半にポルトガル・イギリス・フランス・ドイツなどヨーロッパ列強国によってアフリカ植民地化が展開されたんだ。黒人奴隷貿易や天然資源などの利益を求めて競ってアフリカへ進出したんだ。これが今でも続くアフリカの混乱のもとになっているんだ。

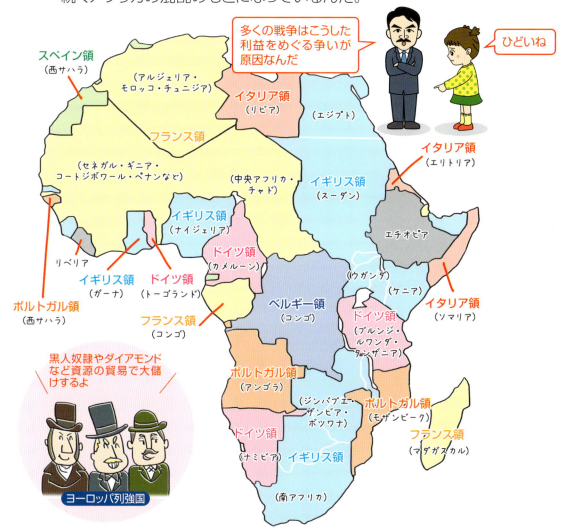

多くの戦争はこうした利益をめぐる争いが原因なんだ

ひどいね

スペイン領
(西サハラ)

(アルジェリア・モロッコ・チュニジア)

イタリア領
(リビア)

(エジプト)

イタリア領
(エリトリア)

フランス領

(セネガル・ギニア・コートジボワール・ベナンなど)

(中央アフリカ・チャド)

イギリス領
(スーダン)

エチオピア

イギリス領
(ナイジェリア)

リベリア

ドイツ領
(カメルーン)

(ウガンダ)

(ケニア)

イギリス領
(ガーナ)

ドイツ領
(トーゴランド)

ベルギー領
(コンゴ)

ドイツ領
(ブルンジ・ルワンダ・タンザニア)

イタリア領
(ソマリア)

ポルトガル領
(西サハラ)

フランス領
(コンゴ)

ポルトガル領
(アンゴラ)

(ジンバブエ・ザンビア・ボツワナ)

ポルトガル領
(モザンビーク)

フランス領
(マダガスカル)

黒人奴隷やダイアモンドなど資源の貿易で大儲けするよ

ドイツ領
(ナミビア)

イギリス領
(南アフリカ)

ヨーロッパ列強国

第5章 平和のために私達にできることはある?

じゃあ、シリアやイラクなど中東地域の戦争や内戦も利益をめぐる戦いなの？

 そういう見方もできるね。第1次世界大戦では石油利権をめぐってイギリスやフランスなどが中東地域の国々の部族間や宗派間の争いを利用した政治介入を行っていたんだ。そこに欧米諸国が武器を売り、それが戦闘の規模と被害を拡大するという悪循環がおきたんだ。

 なぜ人は石油くらいで争うの？

 第1次世界大戦の時代は自動車や飛行機などの乗り物が世界の経済を大きく変えて行った時代だよ。その原動力が石油なんだ。石油は平和な時代には経済を発展させる原動力になり、戦争の時代には強さの原動力となり、国家にとって欠かすことのできないエネルギーなんだ。第1次世界大戦も、第2次世界大戦も、戦争を読み解く鍵は「石油」なんだ。そして現代の戦争も石油や水やメタンハイドレートなど「天然資源」を巡る争いという見方もできるね。

 どうすれば戦争や紛争の絶えない国を平和にできるのかな？

 戦争や紛争の多くは水やエネルギーなどの天然資源や、実り豊かな農地や魚の多くとれる漁場をめぐる争いなど、「経済利益」をめぐる争いなんだ。だから人のものを力で奪わなくてもよい国作りのお手伝いをすることが一番大切だと思うよ。

第5章 平和のために私達にできることはある？

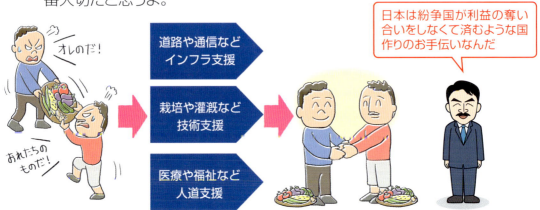

日本は紛争国が利益の奪い合いをしなくて済むような国作りのお手伝いなんだ

オレのだ！

おれたちのものだ！

道路や通信などインフラ支援

栽培や灌漑など技術支援

医療や福祉など人道支援

隊長は復興支援でイラクに行ってたんでしょう？　戦争の絶えないイラクの人々はどんな人達だったの？

 イラクはじめアラブ人はとても律儀で優しい人達が多いんだ。2004年の陸上自衛隊のイラクでの復興支援は、中東平和のひとつのヒントになると思うよ。ある時はサマーワ市民による自衛隊への感謝のデモが行われたんだ。この前代未聞のデモにアメリカやオランダなどの部隊から「自衛隊はイラク人に何をやったのだ？」と問合せが入ったくらいだよ。

陸上自衛隊がイラクで行ったこと

1 現地の風習を尊重
食事に招待されれば民族衣装を着て行き、車座になって右手で食べるなど現地の風習を尊重

2 占領軍ではないことを伝える
「日本も戦争に敗れ、廃墟から立ち上がった。ましてやメソポタミア文明の発祥という歴史を持つイラク人は偉大な国民だ。我々は友人としてイラク復興のお手伝いにやってきた」と伝えた

自衛隊宿営地そばに迫撃砲が撃ち込まれたときには、「日本の宿営地を守ろう」とサマーワ市民が100人規模が宿営地周辺に集まってくれたんだ。イラク人は一度、信頼関係を作った友は命を賭けてを守る人達なんだ

3 インフラの復興
水質の悪いユーフラテスの川の水を自衛隊の浄水車を使い飲める水を作ったり、道路や排水のインフラ整備で貢献した

日本人のこの考え方は中東の平和のヒントになりそうね

4 現地人と一緒に働く
他国の軍隊は雇ったイラク人に基地建設など現場作業を任せきりだが、自衛隊はイラク人と一緒に汗を流した。食事や休憩も一緒にとり現地人と交流。午後3時頃に仕事を終えるのが現地の風習だが、やがてイラク人は深夜まで自衛隊員と一緒に作業を自主的にやるようになる

日本の防衛政策に反対する人達は日本をどうしたいの？

 隊長、お休みの日にテレビを付けたら「安保法制で日本は戦争できる国になろうとしている」って大学の先生とかジャーナリストが言ってたけど本当なの？

 テレビや新聞は「自分達はこう思う」という主張を述べているんだ。なのでテレビの言うことが必ずしも正しいとは限らないよ。日本は「報道の自由」「言論の自由」が保障されている国だからね。

マスコミの一部には政府批判が大事と思っている方もいるみたいだね

たまには賛成したり褒めてあげればいいのにね

 じゃあ、テレビや新聞が間違った情報を流すこともあるの？

 人間だから間違えることもあるよ。また世論誘導のために意図的に間違ったニュースを流すことも、過去にはあったんだ。つまり「常にマスコミは正しい」という固定的な考え方はせず、「違う見方があるかも」という目で見ることが大切なんだ。

残念ながらマスコミは時には嘘をつくことがあるんだ

❗ 慰安婦記事捏造
朝日新聞
日本軍が朝鮮半島の婦女子を強制連行したという虚偽報道

❗ 殺人犯のアジト発見記事捏造
読売新聞
幼女連続誘拐事件の容疑者のアジト発見の虚偽報道

❗ グリコ・森永事件記事捏造
毎日新聞
グリコ・森永事件の犯人逮捕のスクープ虚偽報道

❗ 毎日デイリーニューズ WaiWai 問題
毎日新聞
日本人の異常な性的嗜好を話題にした虚偽記事

❗ 珊瑚記事捏造
朝日新聞
西表島でカメラマンが自作自演で珊瑚に傷をつけ虚偽報道

でも隊長、学校の先生も「日本は徴兵制になって戦争に行くことになるかも」って言ってたよ。

自衛隊に入るには競争率も高く、日本は徴兵制にする必要はないんだよ。先生にも「思想・信条・表現の自由」が憲法で保障されているから、中には個人の思想を生徒に話すことがあるかも知れないね。

幹部候補生や防衛大学校などは20倍〜40倍くらいの競争率だよ。なので日本は徴兵制にする必要はないんだ

陸上自衛官　3.37倍　5.34倍
海上自衛官　3.71倍　9.41倍
航空自衛官　3.57倍　6.60倍

※平成25年度実績

なるほど！国家公務員の人気は高いのね

テレビのニュースで国会前で安保法制の反対デモや、沖縄で基地反対のデモをやってたよ。こんなに大勢の人が反対するということは政府は悪いことをやっているの？

外国が日本の主権を侵害しているのに国を守る準備をしないことの方が危険だと思うよ。テレビや新聞で取り上げるデモの多くは、特定の団体の方々が活動してることもあり、必ずしも国民全員の声ではないと思うよ。

沖縄では防衛局職員に暴力を振るう活動家もいたんだ

おだやかに話し合えばいいのに

第5章　平和のために私達にできることはある？

自衛隊の訓練にも反対する政治家は日本をどうしたいの?

 政治家はそれぞれの主張をしてもいいんだよ。だけど中国が毎日のように領空近接・領海侵入をしていることや、北朝鮮が頻繁に日本海に向けてミサイルを撃っている状況を考えると、どうやって、国家・国民を守るか具体的な方策を示さないといけないよね。反対だけでは守れないね。

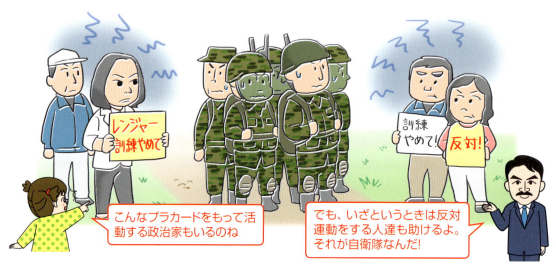

こんなプラカードをもって活動する政治家もいるのね

でも、いざというときは反対運動をする人達も助けるよ。それが自衛隊なんだ!

 なるほど、日本には色んな主義や主張を持っている人がいるのね。

 そうだね、でも思想や言論の自由を謳歌できるのも、日本が平和だからこそなんだ。その平和な日本にでも、次のような危機といつも背中合わせだという現実は知っておく必要があるよ。

北朝鮮は毎月のようにミサイルを日本海に撃ってきている

北朝鮮はサリンなど化学兵器や核兵器を開発している

中国は頻繁に日本の領空近接・領海侵入をしてきている

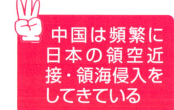

こういう現実に対応するために自衛隊は日々訓練しているんだ

自衛隊さん、ありがとうございます!

Q もし日本国内にミサイルが飛んできたらどうしたらいいの？

質問 29

　隊長、もしもミサイルが日本に落ちてきたらどうすればいいの？

　その場合、政府は「Jアラート」で街の防災無線から警報を流し、テレビやスマホでも緊急メールを送るよ。Jアラートが鳴ってからミサイル着弾までの4〜6分間あるから、次の3つの点を覚えて行動して欲しい。

❶ 地下鉄か地下街または頑丈な建物へ逃げる（無い場合は建物の中に）

ミサイルが着弾すると爆風や破片が飛んできます。身を守るため、急いで地下鉄か地下街、または頑丈な建物の中に避難してください。建物の窓ガラスが割れる可能性があるので、窓から離れて壁際に低い姿勢で待機してください。

❷ 地面にふせて頭を守る体勢をとる

建物がまわりにない場合は、街路樹や塀や自動車などの影に身を隠し、地面にふせて服やカバンで頭を守る体勢をとってください。自動車に乗っている場合は、車を止めて車内の床に伏せて頭を守ってください。

❸ 移動するときは口と鼻をハンカチでふさぐ

ミサイルに化学物質や核弾頭が搭載してある場合もあるので、着弾後に安全な場所に移動するときは、口と鼻をハンカチでふさいでください。必ず爆心地の風上に移動することを心がけてください。屋内にいる場合は、機密性の高い部屋に移動してください。部屋の窓や扉は閉め、換気扇は止めてください。

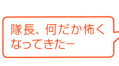

隊長、何だか怖くなってきたー

大丈夫！68ページで示したように、自衛隊のミサイル防御網は鉄壁の守りだから安心してね(^_^)

第5章　平和のために私達にできることはある？

万が一に備えて何か準備しておくことはある？

 まずは、人が生き延びるためには水と食糧が大切だよ。自宅のベッドのそばには食糧と水の入ったリュックサックを用意しておくと良いね。またガラスが散乱する可能性もあるから、長靴やスニーカーを用意するといいよ。

> 人は飲まず食わずだと72時間までしか生き延びることができないんだ。先ずは水と食糧が大切だよ

> 自分の力で生き延びなくちゃいけないのね

水のペットボトル　携帯用カイロ　軍手
懐中電灯　タオル　携帯用ラジオ　乾パン
長靴　スニーカー

 地震とかの防災への備えと同じだね。

 そうだね。もし家族と離ればなれになったときは、必ず集合場所を3つ決めておいてね。何か困ったことがあるときには、近くの警察官、消防隊員、自衛隊員に声をかけるといいよ。こういうときに彼等は命がけでななちゃんを守ってくれる筈だよ。

> 具体的な場所を示し合わせておくのが大切なのね

> どれかが被災していても次の候補地で家族に会えるよ

集合場所1　山の上の神社の鳥居
集合場所2　小学校の玄関
集合場所3　市役所の玄関

第5章　平和のために私達にできることはある？

これから私たちは平和のために
何をすればいいの?

 隊長、これから日本が平和であるために私はどうしていけばいいの?

 まずは国土と国民の命を守るために、命をかけて任務にあたる自衛隊員を応援してあげてほしいな。欧米では兵士・消防士・警察官などは地域のヒーローとしてイベントに招かれたりしているんだ。日本もそういう国になって欲しいと思う。

わたし達を守ってくれて
ありがとうございます!

警官　自衛隊員　消防隊員

 私も大きくなったら防衛省でお仕事したいな。

 ななちゃん、ありがとう。そのためには、まず学校の勉強を頑張って、広い知識を身につけなければいけないよ。学問は人の才能を開花させてくれるんだ。学んで行くうちに、きっとななちゃんのなりたい職業に出会うはずだよ(^^)

 あー、やっぱり学校の勉強は必要なのね(涙)

 はは(笑)、そうだよ。そして、学校では教えてくれないかもしれない日本の歴史や文化も大人にきいたり、本をたくさん読んでしっかり学んで欲しいね。海外に行くと自分の国の歴史や文化を語れない人は尊敬されないよ。

第5章　平和のために私達にできることはある?

えー、日本の文化や歴史の知識が国際親善に役立つの?

そうだよ。日本の折り紙を教えて上げると外国人は本当に喜ぶよ。自分の国や郷土の歴史や食べ物や風習を理解し愛することは、他国の歴史や文化を尊重できるということにつながるんだ。自分の国の文化や風習を理解してくれる外国人がいたら、とても親しみがわくでしょ?　平和な世界を作ることは、友情を大切することと同じなんだよ。

私も隊長みたいに、これからいろいろな外国人と仲良くしたいな。

ありがとう(笑)。そのためには国籍や人種や宗教で「あの人達は恐ろしいことを考えている悪い人」と判断しないで、世界中の人と友情を育んで行って欲しい。ななちゃんの世代が頑張ることで、きっと人類は平和な世界を作り上げることができるよ!

INDEX 索引

■著者紹介

佐藤　正久（さとう　まさひさ）　1960年10月23日福島県生まれ。1979年福島県立福島高等学校卒業、1983年防衛大学校卒業、1998年米陸軍指揮幕僚大学校卒業。第5普通科連隊中隊長、国連PKOゴラン高原派遣輸送隊長、イラク復興業務支援隊長、第7普通科連隊連隊長を歴任。2007年退官後、同年参議院議員選挙に自由民主党全国比例区から立候補し当選。参議院外交防衛委員長、防衛大臣政務官、自由民主党国防部会長などを歴任し、現在外務副大臣。ロヒゲをたくわえたその風貌から"ヒゲの隊長"として親しまれている。

編集担当：西方洋一　／　編集協力：中元千鶴
カバーデザイン：秋田勘助（オフィス・エドモント）
イラスト：坂上ももこ

●特典がいっぱいの Web 読者アンケートのお知らせ

C&R研究所ではWeb読者アンケートを実施しています。アンケートにお答えいただいた方の中から、抽選でステキなプレゼントが当たります。詳しくは次のURLのトップページ左下のWeb読者アンケート専用バナーをクリックし、アンケートページをご覧ください。

C&R研究所のホームページ　**http://www.c-r.com/**

携帯電話からのご応募は、右のQRコードをご利用ください。

小学生でもわかる 国を守るお仕事そもそも事典

2017年10月2日　　初版発行

著　者	佐藤正久
発行者	池田武人
発行所	株式会社　シーアンドアール研究所
	新潟県新潟市北区西名目所4083-6（〒950-3122）
	電話　025-259-4293　FAX　025-258-2801
印刷所	株式会社　ルナテック

ISBN978-4-86354-225-9 C0036

©Sato Masahisa, 2017　　　　　　　　　　　　　Printed in Japan

本書の一部または全部を著作権法で定める範囲を越えて、株式会社シーアンドアール研究所に無断で複写、複製、転載、データ化、テープ化することを禁じます。

落丁・乱丁が万が一ございました場合には、お取り替えいたします。弊社までご連絡ください。